风景园林康养实践

张彦慧 著

东北林业大学出版社
Northeast Forestry University Press
·哈尔滨·

版权所有　侵权必究
举报电话：0451-82113295

图书在版编目（CIP）数据

风景园林康养实践 / 张彦慧著. -- 哈尔滨 ：东北林业大学出版社, 2024.8. -- ISBN 978-7-5674-3684-8

Ⅰ. TU986.2；F719.9

中国国家版本馆CIP数据核字第2024L4Q453号

责任编辑：赵晓丹
封面设计：文　亮
出版发行：东北林业大学出版社
　　　　　（哈尔滨市香坊区哈平六道街6号　邮编：150040）
印　　刷：河北创联印刷有限公司
开　　本：710 mm×1000 mm　　1/16
印　　张：15
字　　数：200 千字
版　　次：2024年8月第1版
印　　次：2024年8月第1次印刷
书　　号：ISBN 978-7-5674-3684-8
定　　价：68.00 元

如发现印装质量问题，请与出版社联系调换。

前　　言

植物作为景观中不可或缺的元素，对促进人的身心健康具有积极的作用。近年来，康养园林逐渐进入人们的视野，其发展与社会的进步密切相关。康养园林的发展过程非常漫长，它是由康复景观、园林、花园等进化和发展而来的，随着人们的生活方式逐渐丰富，人们对园林的需求也在提高，以往我们熟知的康复花园是专为特定的人群提供服务的，然而康养园林景观的服务范围变得更广，不只用于恢复特定人群的健康，也更加注重保护普通人群的健康。

随着都市生活节奏的加快与压力的逐渐增大，人们对于身心健康的关注日益提升。在这一背景下，风景园林康养成为一种备受瞩目的生活方式，旨在通过自然环境与庭园设计，提升人们的身心健康水平。

本书深入探讨风景园林康养的实践，以期为推动现代城市生活的健康发展提供有益的经验和启示。全书从园林艺术概述入手，首先介绍了风景园林设计的基本原理、园林植物及康养概述与理论基础，接着重点分析了风景园林康养的理论基础与意义、风景园林康养设计原则与策略、风景园林康养的应用及风景园林康养的社会影响与效果评估，最后在风景园林康养的未来发展趋势方面做出了重要探讨。

本书在编写的过程中，作者参考、吸收了国内外众多学者的研究成果，在此谨向有关专家学者表示诚挚的谢意。由于作者水平有限，书中内容难免存在不足之处，部分内容还有待进一步深入研究，期盼广大读者批评指正，以便逐步完善。

张彦慧

2024 年 5 月

目　　录

第一章　园林艺术概述 1
第一节　园林艺术 1
第二节　园林色彩与艺术构图 5
第三节　园林艺术法则 23
第四节　园林意境的创造 41

第二章　风景园林设计的基本原理 58
第一节　风景园林规划设计的依据与原则 58
第二节　风景园林景观的构图原理 63
第三节　景与造景 81

第三章　园林植物 99
第一节　种植设计的基本原则 99
第二节　乔木、灌木种植形式 104
第三节　藤蔓植物种植形式 111
第四节　花卉及地被种植形式 114

第四章　康养概述与理论基础 122
第一节　康养的概念及特点 122
第二节　传统康养的理论基础 127

第五章　风景园林康养的理论基础与意义 140
第一节　风景园林康养的起源与演变 140
第二节　风景园林康养的理论框架 147
第三节　风景园林康养在现代社会中的重要性 154

第六章　风景园林康养设计原则与策略 ································ 162
第一节　康养环境的设计原则 ································ 162
第二节　康养空间的分类与特点 ································ 165
第三节　康养活动的场所设计 ································ 167
第四节　康养设计与可持续性发展 ································ 170

第七章　风景园林康养的应用 ································ 173
第一节　公共康养空间的设计与运用 ································ 173
第二节　风景园林康养在特殊群体中的应用 ································ 178
第三节　私人康养空间的设计理念 ································ 184

第八章　风景园林康养的社会影响与效果评估 ································ 189
第一节　康养环境对居民健康的影响 ································ 189
第二节　康养活动对社会的积极影响 ································ 191
第三节　康养环境的可持续性评估 ································ 193
第四节　康养效果评估方法 ································ 195
第五节　康养成果的传播与分享 ································ 200

第九章　风景园林康养的未来发展趋势 ································ 203
第一节　科技与智能化在康养中的应用 ································ 203
第二节　生态康养与自然保护的结合 ································ 212
第三节　文化康养与传统文化的传承 ································ 219
第四节　公共政策与康养发展 ································ 225

参考文献 ································ 233

第一章　园林艺术概述

第一节　园林艺术

园林艺术是指在园林创作中，通过审美创造活动再现自然和表达情感的一种艺术形式。园林艺术是时间和空间的艺术，是有生命的综合空间造型艺术。自然景观的气象万千为园林艺术提供了生生不息的创作源泉。

中国园林艺术是自然环境、建筑、诗、画、楹联、雕塑等多种艺术的综合。园林意境产生于园林境域的综合艺术效果，给予游赏者情意方面的信息，唤起游赏者对以往经历的记忆联想，产生物外情、景外意。

中国园林是中国传统文化的结晶，具有广泛的包容性，与传统文化有着千丝万缕的联系。古代文化的各个方面几乎都能在古典园林中找到它们的身影，诸如文学、哲学、美学、绘画、戏曲、书法、雕刻、花木植物等。其中，与园林艺术关系最为密切的是传统诗文和画作。因此，中国古典园林享有"凝固的诗、立体的画"的盛誉。

自古以来，历代园林匠人们的努力一方面产生了造园艺术，另一方面产生了建筑艺术。前者致力于创造一个人们理想中的充满诗情画意的场所，后者致力于从生活实际出发，将建筑嵌入这个场所之中，两者相辅相成，共同打造美好的人居环境。

一、园林艺术的特征

中国的园林艺术源远流长。同时，在16世纪的意大利、17世纪的法国和18世纪的英国，园林也被认为是非常重要的艺术。

在灿烂的艺术星河里，每门艺术都有其强烈的个性色彩。作为艺术的一个门类，园林艺术同其他艺术有许多相似之处，即通过典型形象反映现实，表达作者的思想感情和审美情趣，并以其特有的艺术魅力影响人们的情绪、陶冶人们的情操、提高人们的文化素养。除此之外，园林艺术还具有时代性、民族性、地域性和兼容性等特征。

（一）时代性

园林是社会历史发展的产物，其发展受到社会生产力水平的高低、社会意识形态与文化艺术发展进程的影响，并反映特定历史时期人们的社会意识和精神面貌，展现出鲜明的时代特征。

（二）民族性

世界各民族都有自己的造园活动，由于自然条件、哲学思想、审美理想和社会历史文化背景不同，形成了各自独特的民族风格。

（三）地域性

园林不仅是一种艺术形象，还是一种物质空间环境。造园活动深受当地自然环境的影响，造园时大多就近取材，尤其是植物景观，多半是土生土长、因地栽植的花草树木，这使园林艺术表现出极其明显的地域性。

（四）兼容性

园林艺术具有极强的兼容性。它与科学技术的发展紧密结合，一座美轮美奂的园林，蕴含着许多复杂的建筑、工程、工艺，以及植物栽培与养护技术的运用。同时，园林融合文学、绘画、建筑、雕塑、书法、音乐、工艺美术等诸多艺术因素于一体。着意追求诗画般的意境、音乐般的流动和时光交替的变幻，甚至涉及哲学等领域。

园林艺术也是生命的艺术，构成园林的主要素材之一是有生命的植物，它使园林景色随着春、夏、秋、冬四季的交替和阴、晴、雨、雪自然天象的变化呈现出不同的面貌。

园林艺术还具有很强的功能性特征，它需要不断满足人们实用的、精神的等诸多方面要求。

二、园林艺术的欣赏

欣赏也是一门艺术。对园林领域而言，其要旨在于能领略和品评各个园林的风格特点。每当跨进一座园林，面对纷至沓来的景色，你会发自内心地感慨，这就是通常所说的艺术鉴赏和审美观。

陈从周先生曾提出园林景物的观赏有静观和动观之分，看与居，即静观；游与登，即动观。一般来说，造园家在创作园林之前就已经进行过慎重的考虑，给游人提供一系列驻足的观赏点，使游人在此得以进行全方位的艺术欣赏，通过"观""品""悟"等不同阶段和不同层次的体味，深入理解园林的艺术价值。

（一）"观"

"观"是园林欣赏的第一层面。园林中的景物以其实在的形式特征，向游人传递着某种审美信息。中国人对园林美的欣赏有一种传统的观念，希望达到"鸟语花香"的境界。因此，欣赏园林就不只是简单的视觉参与，而是由听觉、嗅觉、触觉等共同参与的综合感知过程。极佳的景致，吸引游人在不知不觉间停留下来，驻足凝神。园路曲径，引导游人置身园中，廊引人随，移步换景。在观赏中国古代园林的过程中，游人尽情享受富于自然之妙的美景，产生无尽的遐思。

园林是一个多维的空间，是立体的风景。对于园中纵向景观的观赏，还有俯视与仰视之别。"小红桥外小红亭，小红亭畔，高柳万蝉声"的词句不仅写出了园景的空间层次，同时，"高柳"还将游人的视线引向高处。

（二）"品"

"观"是对园林景象的感性理解，"品"则是欣赏者根据自己的生活经验、文化素养、思想感情等，运用联想、思想、移情、思维等心理活动，扩充与丰富园林景象的过程。在这一过程中，欣赏者的联想与想象占主导地位，特别是中国古典园林，富有诗情画意和含蓄抽象的美。在游赏的过程中，欣赏者必须发挥诗人般的想象力，才能体验到园林景物具象之外的深远意蕴。

（三）"悟"

如果说园林欣赏中的"观"和"品"是感知，是体验，是移情，是观赏者神游于园林景象之中而达到的物我同一的境界，那么，园林欣赏中的"悟"则是理解，是思索，是领悟，是欣赏者的一种回忆、一种探求、一种对园林意义深层而理性的把握。园林依存于自然，但归根结底是人创造的。人的思想，特别是造园师对自然的态度、对自然的理解，便自然地反映在园林的形式与内容上。"悟"的阶段正是欣赏者力图求得与造园师精神追求相契合的过程。

一座优秀的园林之所以能吸引无数游人百看不厌，风景秀美固然是重要原因，但这并不是全部，文化与历史因素也至关重要。在中国，无论是雅致的城市宅园、深山古刹，还是风景名胜，随处可见雕刻于山石、悬挂于亭台楼阁的匾额、楹联，也随处可见写景咏物的诗词文赋。如"山山水水，处处明明秀秀；晴晴雨雨，时时好好奇奇"，这是杭州西湖中山公园里的一副对联，它以浓墨重笔写出了轻快蕴藉的意境。书法真、草相间多变，与西湖山色的景致水乳交融，相得益彰，给游人以古典文化的熏陶，同时大大深化了园林景观的意境。

中国的山水画往往借助题跋来突破画面对景物的空间限制，生发出画外的思想感情。园林景物则是一幅立体的图画，不足之处也需要题以发之。这些楹联往往是画龙点睛之笔，写出了具体景物无法传达的人与事、诗与意。"西岭烟霞生袖底，东洲云海落樽前。"在北京颐和园的谐趣园里，你是看不到西岭烟霞和东洲云海的。但是，当你身处园林环境之中，吟咏这副楹联，一切仿佛都呈现在眼前了。一副楹联扩大了景的境界，加深了景的意境，创造了景外之景。

同时，文学艺术、书法艺术与园林景物、自然环境交相辉映，大大提升了园林艺术的品位。许多匾额、楹联还包含着丰富的历史典故和深刻的人生哲理。所以，欣赏园林艺术一定要了解其产生的历史和文化背景，只有这样才能更好地理解园林艺术所包蕴的丰富内涵。

仙山琼岛、城市山林、洞中天地不是对自然的直接模仿，也不是对自然植物的抽象和变形，而是艺术地表达对自然的认识、理解和由此而生的情感，创造出如诗如画的美景和出自天然的艺术韵律，正所谓"虽由人作，宛自天开"。人们在园林中追求真实的生命感受，寄托审美的情怀与理念。这就是以中国自然山水式园林为代表的东方园林。

第二节　园林色彩与艺术构图

园林是绚丽的色彩世界，是供人们游赏的空间境域。园林色彩作用于人的感官，能调节人的情绪。例如，园林中色彩协调、景色宜人，能使游人赏心悦目、心旷神怡、游兴倍增；若色彩对比过于强烈，则会令人产生厌恶感；若色彩复杂而纷繁，则使人眼花缭乱、心烦意乱；若色彩过于单调，则令人兴味索然；若所用色彩为冷色，可使环境气氛幽静；若为暖色，则能使环境气氛活跃。因此，如何科学、艺术地运用色彩美化环境以满足群众精神生活需要，显得尤为重要。

一、色彩概述

（一）色彩的基本概念

1. 色彩

色彩是指所有可见波长的色光在人体眼睛视网膜上所引起的一切色觉，不论其色相如何、色调如何、饱和度如何，通通称为色彩。色彩的三要素为色相（颜色的种类）、色度（颜色的纯度）、明度（颜色的明亮程度）。色相指在日光可见光波长范围内的各种一定波长的单色光，这些都能引起我们的"色觉"，单色光的波长不同，色觉也就不同。单色光这种能引起我们相应色觉的属性，被称为该色光的色相，即颜色的种类；色度也称为色相的纯度或饱和度，以太阳光波中某一波长单色光的"光流量"作为标准，如果没有被其他色光中和或没有被其他物体吸收时，所引起的色觉便是"饱和色相"或"纯色"；明度也称色调，指某一饱和色相的色光，当被其他物体吸收，或被其他相补的色光中和时，就呈现该色相各种不饱和的色调。

同一色相，可以分为明色调、暗色调和灰色调。另外，色相的亮度是指各种饱和度相同而波长不同的色光，它对人眼所引起的主观亮度是不相同的。人眼对不同色光的敏感度是不相同的，色相亮度还随着人眼的白日视觉和黄昏视觉之转变而有所不同，如白日视觉，绿色亮度最强，亮度顺序为绿、黄、橙、青、红、紫，黄昏视觉色相亮度的顺序为青、绿、蓝、黄、橙、紫、红。

2. 色彩的分类

根据颜色的性质，按一定顺序连接成的环形色圈（赤、橙、黄、绿、青、蓝、紫的顺序）称为色环。在色环上垂直相对的两种色相，引用几何学"两角相加为180°时互为补角"的定理，将这两种位置相对的颜色称为补色（对比色），如红与蓝绿、橙与蓝、黄与蓝紫等均为对比色，对比色对比程度最强。

在园林上，对比色相配的景物可产生对比的艺术效果。与对比色邻近的色相配在一起，对比稍微缓和的颜色（如黄与蓝、红与蓝、红与绿等，在色相上仍然是对比的关系）称为邻补色。

色环上相邻的颜色称为协调色（近似色、类似色）。红、黄、蓝称为三原色，其中二者相混即成橙、绿、紫，称为二次色。在园林中应用这些二次色与合成这个二次色的原色相配合，均可获得良好的协调效果。如绿与蓝、绿与黄，或黄、绿、蓝用在一起，都有舒适的协调感。其他如橙与黄、橙与红、紫与红、紫与蓝，均很协调。二次色再相互混合而形成三次色，如红橙、黄橙、黄绿、蓝绿、蓝紫、红紫等，与合成它们的二次色相配合，也同样获得协调效果。自然界各种园林植物的色彩变化万千，凡是具有相同基础的色彩，如红、蓝之间的紫、红紫、蓝紫，与红、蓝原色相互组合均可以获得协调，这在园林中的应用已经十分广泛。

另外，红、橙、黄及其近似的一系列颜色给人以暖感，为暖色；绿、蓝、紫及其近似的一系列颜色给人以冷感，为冷色。

（二）色彩的感觉及应用

1. 色彩的感觉

不同的色彩给人不同的感觉，色彩所表现的物体不同，产生的联想也不同。人们对色彩的感觉极为复杂，这与园林色彩构图关系很密切，必须对它有所了解。色彩自身容易引起人们不同感觉的客观规律如下。

（1）色彩的温度感。色彩的温度感又称冷暖感，通常称为色性，这是一种非常重要的色彩感觉。色性的产生主要在于人的心理因素，积累的生活经验让人由色彩产生一定的联想，联想到的有关事物使人产生温度感。如红色让人联想到太阳，感到温暖；蓝绿色使人联想到水与树荫、寂静夜空的月影，产生了寒冷感等。红、黄、橙以及这三色的邻近色给人以温暖的感觉，常被称为暖色。蓝色、青色给人以冷凉的感觉，被称为冷色。绿色是冷暖的中性色，其温度感居于暖色与冷色之间，温度感适中。

在园林中运用色彩时,春秋宜多用暖色花卉,严寒地带更应多用,而夏季宜多用冷色花卉,冷色花卉在炎热地带的应用还能引起退暑的凉爽联想。在公园举行游园晚会时,春秋可多用暖色照明,而夏季的游园晚会照明宜多用冷色。实际运用时,如果春秋想多用暖色花卉而材料有限,或夏季想多用冷色花卉而种类少,在这种情况下,可加配白色的花,因为白色具有加强邻近色调的能力,又不会引起减暖冷的作用。另外,对比的两个补色配在一起时,温度感觉可以中和,如早春将冷色的花卉(紫色的三色堇、紫色鸢尾等)与橙色花卉(金盏菊、黄色的三色堇)配合则让人不觉寒冷。

(2)色彩的胀缩感。红、橙、黄色不仅使人感到明亮清晰,同时有膨胀感;绿、紫、蓝色使人感到比较幽暗模糊,有收缩感。因此它们之间形成了巨大的色彩空间,增强了生动的情趣和深远的意境。

光度的不同也是形成色彩胀缩感的主要原因,同一色相在光度增强时显得膨胀,光度减弱时显得收缩。色彩的冷暖与胀缩感也有一定关系。冷色背景前的物体显得较大,暖色背景前的物体则显得较小。在园林中应用时,冷色背景前的物体显得较大,暖色背景前的物体则显得较小。园林中的一些纪念性构筑物、雕像等常以青绿、蓝绿色的树群为背景,以突出其形象。

(3)色彩的距离感。由于空气透视的关系,暖色系的色相在色彩距离上有向前及接近的感觉,冷色系的色相有后退及远离的感觉。另外,光度较高、纯度较高、色性较暖的色,具有近距离感;反之,则有远距离感。六种标准色的距离感按由近而远的顺序排列:黄、橙、红、绿、青、紫。

如果在实际中发现园林空间深度感染力不足时,为了加强深远的效果,做背景的树木宜用灰绿色或灰蓝色树种,如毛白杨、银白杨、桂香柳、雪松等。在一些空间较小的环境边缘,可采用冷色或倾向于冷色的植物,能增加空间的深远感。

（4）色彩的重量感。不同色相的重量感与色相间亮度的差异有关，亮度强的色相重量感小，亮度弱的色相重量感大。例如，红色、青色较黄色、橙色更为厚重，白色的重量较灰色轻，灰色又较黑色轻。同一色相中，明色调重量感轻，暗色调重量感重；饱和色相比明色调重，比暗色调轻。园林中色彩的重量感对园林建筑的影响很大，一般来说，建筑的基础部分宜用暗色调，显得稳重，建筑的基础栽植也宜多选用色彩浓重的种类。

（5）色彩的面积感。运动感强、亮度高、呈散射运动方向的色彩，会让我们在主观感觉上产生面积扩大的错觉；运动感弱、亮度低、呈收缩运动方向的色彩，相对让人产生面积缩小的错觉。橙色系的色相，主观感觉上面积较大；青色系的色相，主观感觉上面积适中；灰色系的色相面积感觉小。白色系色相的明色调主观感觉面积较大，黑色系色相的暗色调感觉上面积较小；亮度强的色相面积感觉较大，亮度弱的色相面积感觉小；色相饱和度大的面积感觉大，色相饱和度小的面积感觉小；互为补色的两个饱和色相配，双方的面积感更大；物体受光面积感觉较大，背光则面积感觉较小。

园林中水面的面积感觉比草地大，草地又比裸露的地面大，受光的水面和草地比不受光的面积感觉大。在面积较小的园林中，水面多，白色色相的明色调成分多，也较容易产生扩大面积的感觉。在面积上，冷色有收缩感，同等面积的色块，在视觉上冷色比暖色面积感觉小。在园林设计中，要使冷色与暖色获得面积同等大的感觉，就必须使冷色面积略大于暖色面积。

（6）色彩的兴奋感。色彩的兴奋感与其色性的冷暖基本吻合。暖色为兴奋色，以红橙色为最；冷色为沉静色，以青色为最。色彩的兴奋程度也与光度强弱有关，光度最高的白色兴奋感最强，光度较高的黄、橙、红各色均为兴奋色。光度最低的黑色感觉最沉静，光度较低的青、紫色都是沉静色。稍偏黑的灰色，以及绿、紫色，光度适中，兴奋与沉静的感觉亦适中，在这个意义上，灰色与绿紫色是中性的。

在园林设计中，红、橙、黄色多用于一些庆典场面，如广场花坛及主要入口和门厅等环境，给人朝气蓬勃的欢快、兴奋感。

（7）色彩的运动感。橙色系色相伴随的运动感觉较强烈，而青色系色相伴随的运动感较弱，中性的白光照度越强运动感越强烈，灰色及黑色的运动感觉逐步减弱，白昼色彩的运动感觉强，黄昏则较弱。橙色系易给人骚动的感觉，青色系易给人宁静的感觉。同一色相的明色调运动感强，暗色调运动感弱。同一色相饱和的运动感强，不饱和的运动感弱。亮度强的色相运动感强，亮度弱的色相运动感弱，互为补色的两个色相组合时，运动感最强烈，两个互为补色的色相共处在一个色组中比任何一个单独的色相在运动感上都要强烈得多。

在文娱活动场地附近，宜多选用橙色系花卉色相，对比强烈，大红、大绿色调的成分多，以烘托欢乐、活跃、轻松、明快、运动感的气氛；而在安静休息处和医疗地段附近，则不宜多选对比过于强烈的花卉，以免破坏宁静的气氛。

（8）色彩的方向感。橙色系的色相有向外散射的方向感，青色系的色相有向心收缩的方向感。白色及明色调呈散射的方向感，黑色及暗色调呈收缩的方向感；亮度强的色彩呈散射的方向感，亮度弱的色相呈收缩的方向感。饱和的色相较不饱和的色相散射方向感强；饱和的两个补色配置在一起，方向呈较强烈的散射。

在园林中运用色彩时，如在草坪上布置花坛或花丛等，宜选用白色的、饱和色的、亮度强的色彩的花卉种类，这样可以"以少胜多"地与草坪取得均衡。

2. 色彩的感情

色彩容易引起人们思想感情的变化。受传统的影响，人对不同的色彩有不同的思想情感。色彩的感情是一个复杂、微妙的问题，对于不同的国家、不同的民族、不同的条件和时间，同一色相可以产生许多种不同的感情，这对于园林的色彩艺术布局运用有一定的参考价值。下面就这方面的内容做一些简单介绍。

（1）红色：给人以兴奋、欢乐、热情、活力及危险、恐怖之感。

（2）橙色：给人以明亮、华丽、高贵、庄严及焦躁、卑俗之感。

（3）黄色：给人以温和、光明、快活、华贵、纯净及颓废、病态之感。

（4）青色：给人以希望、坚强、庄重及穷困。

（5）蓝色：给人以秀丽、清新、宁静、深远及悲伤、压抑之感。

（6）紫色：给人以华贵、典雅、娇艳、幽雅及忧郁、恐惑之感。

（7）褐色：给人以严肃、浑厚、温暖及消沉之感。

（8）白色：给人以纯洁、神圣、清爽、寒凉、轻盈及哀伤、不祥之感。

（9）灰色：给人以平静、稳重、朴素及消极、憔悴之感。

（10）黑色：给人以肃穆、安静、坚实、神秘及恐怖、忧伤之感。

这些感情不是固定不变的，同一色相运用在不同的事物上会产生不同的感觉，不同民族对同一色相所产生的感情也是不一样的，这点要特别注意。例如，欧美的白种人普遍比较喜好白色的花，西方的复活节，人们喜欢把白色的百合花送到教堂；美国威斯康星州树木园专门设有"白花园"，这代表了他们的审美情趣；中国人、日本人的丧服均为白色；非洲人和美洲印第安人用白色描绘魔鬼，代表丑陋的形象。

二、园林色彩的组成因素

色彩是物质的属性之一，因此，组成园林构图的各种要素的色彩表现，就是园林色彩构图。归类起来，园林色彩的组成因素可以分为三大类：天然山石、水面及天空的色彩；园林建筑构筑物的色彩；园林植物的色彩。

其中，以园林植物的色彩最为丰富多变。植物的色彩表现时间比较短而且变化多，而天然山石、水面、天空及园林建筑物、构筑物、道路、广场、假山石等色彩变化相对较少且持续时间长。设计的时候要从整体出发，两种性质的色相要结合起来考虑。

（一）天然山石、水面及天空的色彩

天然山石、水面及天空的色彩都是自然形成的。在某些情况下，天然的山石、水面和天空的色彩往往成为园林色彩构图的重要因素，因此我们必须了解这些素材的色彩表现的特点和其在园林中的运用，使它们在园林色彩构图中起到应有的作用。天然山石、水面、地面和天空的色彩，在园林色彩构图中，一般是将其作为背景来处理的。

1. 天然山石的色彩

其色彩以远看为主。常见天然山石的色彩多以灰白、灰、灰黑、灰绿、紫、红、褐红、褐黄等为主，大部分属于暗色调，少数属于明色调，如汉白玉灰白色的花岗岩等。

因此，在以山石为背景布置园林的主景时，无论是建筑还是植物等，都要注意与山石背景的色彩有对比和调和关系。在以暗色调山石为背景布置主景时，主景的主体物的色彩采用明色调效果更佳。例如，浙江一带山上建的庙宇，外墙都涂成橙黄色，与山林的暗灰绿色有比较明显的对比，看起来很美观。又如，以香山的碧云寺为例，碧云寺的红墙、灰瓦和白色的五塔寺与周围山林的灰黑、暗绿色有明显的对比，远远就映入游人的眼里，吸引人们前往观看；而香山里面有一绿色琉璃塔，虽然在明度上与四周的山林有所不同，但因在色相上比较类似，就不及碧云寺那样引人注目。

在园林里，除了特殊情况外，很少有单纯成片裸露的天然山石作为背景，而是与植物配合在一起。形态色彩好的山石要显露出来，一般的或差一点的尽可能披上绿装。远山的色彩，因空气透视关系，一般呈灰绿、灰蓝、紫色相，对比不明显，但比较调和。

2. 水面的色彩

水面的色彩，除本身呈现的蓝色外，其蓝色程度与水质的清洁度和水深有关，园林中以反映天空及水岸附近景物的色彩为主。水平如镜、水质洁净的水面，由于光和分子的散射，所反映的天空和岸边景物的色彩好像透过一层淡蓝色的玻璃而显得更加调和及清晰动人。在微风和水波作用下，景物的轮廓线虽然模糊，但色彩的表现却更富于变幻，同时能给人带来巨大的艺术感染力，如看江中夜月比抬头看天空的月亮更耐人寻味。

园林中水面的色彩表现贵在水质的透明程度，水质的透明度高、能清澈见底，即可达到最佳的观赏效果。不过，这要在有泉源或有自来水水源的小池沼和溪流中才比较容易做到，而大的自然水面一般不易达到这种效果。另外，水面还反映天空、水岸附近景物和水池底部的色彩，水岸边植物、建筑的色彩可通过水中倒影反映出来，周围有树则发绿，有红砖建筑则发红。以水景为背景布置主景时，应着重处理主景与四周环境和天空的色彩关系。一般水景附近景物的色彩宜淡雅、协调。

3. 天空的色彩

天空的色彩，晴天以蔚蓝色为主，多云的天气以灰白色为主，雨天以灰黑色为主。在一天之中，以早晨和傍晚天空的色彩最为丰富，所以晨曦和晚霞往往成为园林中借景的对象之一。天空的色彩大部分以明色调为主，所以在以天空为背景布置园林的主景时，宜采用暗色调为主，或者与蔚蓝色的天空有对比的白色、金黄色、橙色、灰白色等，不宜采用与天空色彩类似的淡蓝、淡绿等颜色。天空的蔚蓝色由于空气透视的关系，越接近地平线越浅，渗入白色和黄色的成分越多。在园林和广场上设置青铜像时，多以天空为背景效果较好。北海的白塔和天安门广场上的人民英雄纪念碑以天空为背景，因仰角大，所以晴天的效果特别好。叶色暗绿的树种如油松、椴树等，种植在山上以天空为背景效果也不错，如颐和园后湖的油松等。

在实际应用时，还要考虑到地方的气候特点，如阴雨天多的地方，以天空为背景的景物就不宜采用灰白的花岗岩。

（二）园林建筑构筑物的色彩

园林建筑构筑物的色彩主要包括园林建筑物、构筑物、道路、广场、假山石等的色彩。园林建筑构筑物在园林构图中所占比例不大，但它们往往是游人在园林游览中活动最频繁的场所。因此，其色彩的表现对园林色彩构图起着重要的作用，如果色彩选配得当，可达到锦上添花的效果。建筑、构筑物设色应考虑以下几方面。

1. 结合环境设色

园林建筑形式多样，可随境而安，其色彩也应因境而设。

水边建筑色彩以淡雅和顺为宜，如米黄、灰白、淡绿、蓝色等；山林建筑色彩宜与土壤、露岩色彩相近而与绿色植物成对比，宜用红、橙、黄等暖色或在明度上有对比的近似色，如孔雀蓝、绿色、灰绿色的琉璃瓦。

2. 结合气候设色

寒冷地带宜用暖色，温暖地带宜用冷色。

3. 结合功能设色

文化娱乐处的亭廊应能够激发人们愉快活泼的情绪，以明快的色调为主；安静休息处的亭榭，则以淡雅的色调为主。

4. 反映建筑的总体风格

园林中的游憩建筑应能激发人们愉快活泼或安静雅致的思想情绪。

5. 反映地方特色

人们对色彩的喜好除具有共同之处外，还存在地方、区域的差异，故设色应结合各自的喜好、传统文化，表现地方特色。

6. 考虑当地的传统习惯

雕塑、纪念碑宜选用与环境和背景有明显对比的色彩。

道路、广场与假山石的色彩，一般多为灰、灰白、灰黑、青灰、黄褐、暗红等，色调比较暗淡、沉静。这也与材料有关，因此在运用时要注意与四周环境相结合。一般不宜把道路、广场处理得刺目、突出，如在自然式园林的山林部分，宜用青石或黄石（黄褐色）的路面；而在建筑附近，可用浅蓝色或淡绿色的地砖铺地；通过草坪的路面，宜采用留缝的冰纹石板或灰白色的步石路面。

假山石的色彩宜以灰、灰白、黄褐等为主，能给人以沉静、古朴、稳重的感觉。如果因园林材料的限制选用其他色彩，可利用植物巧妙地配合，以弥补假山石在色彩方面的缺陷。

（三）园林植物的色彩

园林植物是园林色彩构图的骨干，也是最活跃的园林色彩因素，如果运用得当，往往能达到美妙的境界。许多园林因为有了园林植物四季多变的色彩，而形成了难能可贵的天然图画。例如，北京的香山红叶，对提高香山风景评价起到了非常重要的作用。园林中植物配色的方法，常用的有以下几种。

1. 主色调的应用

园林设计中主要靠植物表现出的绿色来统一全局，辅以长期不变的及一年多变的其他色彩。

2. 观赏植物对比色的应用

因为补色对比在色相等方面差别很大，对比效果强烈、醒目，在园林设计中使用得较多，如红与绿、黄与紫、橙与蓝等。对比色在园林设计中适宜于广场、游园、主要入口和重大的节日场面。对比色在花卉组合中常见的有桔梗与波斯菊的对比、玉蝉花与萱草的对比，在草地上栽植红色的美人蕉、紫薇都能收到很好的对比效果；黄色与蓝色的三色堇组成的花坛，橙色郁金香与蓝色的风信子组合的图案等都能表现出很好的视觉效果。在花卉装饰中，应该多用补色对比中的组合补色对比，如同时开花的、黄色与紫色的、青色与橙色的花卉搭配在一起。在由绿树群或开阔绿茵草坪组成的大面积的绿色空间内点缀红色小乔木或灌木，形成明快醒目、对比强烈的景观效果。红色树种有常年呈红色的红叶李、红叶碧桃、红枫、红叶小檗、红花继木，以及在特定时节呈现红色的花木，如春季的海棠、碧桃、垂丝海棠，夏季的花石榴、美人蕉、大丽花，秋季的木槿、一串红等。

3. 观赏植物同类色的应用

同类色指的是色相差距不大、比较接近的色彩，如红色与橙色、橙色与黄色、黄色与绿色等。同类色也包括同一色相内深浅程度不同的色彩，如深红色与粉红色、深绿色与浅绿色等。这种色彩组合在色相、明度、纯度上都比较接近，因此容易取得协调，在植物组合中，能体现其层次感和空间感，在心理上能产生柔和、宁静、高雅的感觉。不同树种的颜色深浅不一：大叶黄杨为有光泽的绿色，小蜡为暗绿色，悬铃木为黄绿色，银白杨为银灰绿色，桧柏为暗绿色。进行树群设计时，不同的绿色配置在一起，能起到宁静协调的效果。

花卉中，如金盏菊有橙色与金黄色两个品种，如果单纯栽植一色品种，就没有对比和变化，如把两种色彩的金盏菊配合起来，就会成为自由散点式的花卉配置形式。混合配植，则色彩就显得活跃得多。绿色观叶植物中，叶色的变化十分丰富，如萱草、玉簪的叶色是黄绿色的，马蔺与香石竹的叶色是粉青绿色的，书带草与葱兰则是暗绿色的。树木中，通常落叶阔叶树为浅绿，常绿阔叶树为带有光泽的暗绿色，常绿针叶树为灰绿色。秋季变色的树，叶色大不相同，有暗红色、橙红色、红褐色、黄褐色、黄色等，这些都是富于变化的类似色。在配色中必须注意其细微的变化，这样才能使色彩配合更鲜明、更富于观赏性。

4. 白色花卉的应用

白色属中性，其能很好地调节各色花卉之间的关系。在观花植物中，白色花卉或花木所占比重很大。在对比色花卉中，混入白花可以使对比趋于调和。在暖色花卉中，如混入白色花不减其暖感；在冷色花卉中，如混入白色花不减其冷感；在暗色调的花卉中，混入白花，就可使色调变得明快，如大红的花木或花卉在暗绿的树丛背景之前，色调不够鲜明，或不够调和时，宜用白色花卉和花木来调和；在暗色调的花卉中混入白色花可使整体色调变得明快；对比强烈的花卉配合中加入白色花可以使对比变得缓和；其他色彩的花卉中混入白色花卉时色彩的冷暖感不会被削弱。

5. 夜晚植物的配色

月光下，红色变成褐色，黄色变成灰白色，白色则带着青灰色，只有淡青色和淡蓝色的花卉色彩比较清楚。因此在夜花园中，应多用色彩明度较高的花卉，如淡青色、淡蓝色、淡黄色、白色花卉。由于夜光下花卉的色相不可能丰富，故为了使月夜景色迷人，弥补色彩的不足，最好多用有强烈芳香的植物，如茉莉、白兰花、含笑、桂花、米兰、九里香、玫瑰、月见草、晚香玉等。要设计好的观赏植物构图，必须细致地记录各种花色和叶色。要把同时开花的花色或同时保持一定色相差异的叶色，作为色彩构图的组合而记录下来。脱离具体季节、具体地域来考虑植物色彩的组合是不实际的。

在夜晚使用率较高的花园中，植物多应用亮度强、明度高的色彩，尤其是白色、淡黄色、淡紫色的花卉，如白玉兰、白丁香、玉簪、瑞香等。

三、园林色彩构图的艺术手法

园林空间的色彩表现不是由某个单一因子构成的，它是由天然的、人为的、有生命的和无生命的许多因子结合在一起而形成的，其中以园林植物的色彩最为丰富。英国皇家园艺学会出版过一套色卡共202张，每张有4种不同纯度的色块，共计808种不同深浅的颜色，基本上包括了园艺植物可能出现的全部色彩。但植物色彩随季节而变化，除绿色维持的时间较长和较稳定外，其他颜色表现的时间比较短，正式不同的色彩才使园林景色多变。

在进行园林色彩构图设计时，必须将各类素材的色彩在时空上的变化做综合考虑，才能达到完美的效果。这里所说的色彩处理，是针对那些可以受人摆布的色彩因素而言，但同时需要考虑那些不以人们意志为转移的客观色彩因素，使两者很好地配合。

（一）单色处理或类似色处理

园林空间是由多种色彩构成的，不存在单色的园林空间。就一种色相而言，其变化就很大。以绿色为例，它的波长在505~510 nm之间，用孟氏系统分类，有3种间色（亦称类似色），如蓝绿、绿和黄绿，有9种明度和5种纯度等级的变化，总共至少有135种不同色泽的绿色，再加上光源色和环境色的影响，其变化就更加丰富了。绿色是园林的基色，就有135种类似色，因而单色处理也就包含着类似色处理。杭州花港观鱼公园中的雪松大草坪所形成的色彩可作为类似色处理的佳例（不包括后来添加的紫叶李和林缘的花境在内）。雪松大草坪具有朴实无华、稳重大方的豪迈气派，这种感情效应是由绿色通过雪松树群的形象和由其围合而成的16 400 m² 草坪空间所形成的。

纯净的单色处理是指用同一光流量的色光或同一种色相的处理，如在花坛、花带或花境内只种同一种色相的花卉，当盛花期到来，绿叶被花朵淹没，其效果比多色花坛或花境更引人注目。荷兰沿公路两旁绵延数千米的单色郁金香，这些具有相当大面积的单一颜色的花坛所呈现的景象十分壮观，令人赞叹。适合做单色处理的花卉宜生长低矮，开花繁茂，花期长而一致，草本花卉中的花菱草、金盏花、香雪球、藿香蓟、硫黄菊和虞美人等，以及木本花卉中先开花后展叶的植物都比较适应。

（二）对比色处理

两种色互为补色时就是对比色，一组对比色放在一起，由于对比作用而使彼此的色相都得到加强，产生的感情效应更为强烈，但对比强烈的色彩并不能引起人们的美感。只有在对比有主次之分的情况下，才能协调在同一个园林空间中。例如，万绿丛中一点红，比起相等面积的绿和红更能引起人的美感。对比色处理在植物配置中最典型的例子是桃红柳绿，建筑设计中如华丽的佛香阁建筑群在苍松翠柏陪衬下分外壮丽悦目、光彩照人。

（三）调和色处理

我们在自然界中经常看到黄花与绿叶，会感到一种平静、温和与典雅的美。黄、绿、青三色之间含有某种共同色素，配合在一起极易调和，故又称调和色。例如，花卉中的半支莲，在盛花时色彩异常艳丽，却又十分调和。半支莲有红色、黄色、金黄色、金红色以及白色等花色，其中除白色等中性色外，其余都是调和色。波斯菊有紫红色、浅紫色和白色等花色，配植在一起浓淡相宜，十分雅致。在园林中类似色和调和色处理是大量的，因为容易取得协调，对比色的应用则是少量的，较多地是选用邻补色对比，这样容易取得和谐生动的景观效果。

（四）渐层

渐层是指某一个色相由深到浅、由明到暗或相反的变化，或由一种色相逐渐变为另一种色相，甚至转变为互补色，这些因微差引起的变化和由一个极端变为另一个极端都称为渐层。蓝色的天空和金黄色的霞光之间充满渐层变化。同一色相在明度和饱和度上的渐层变化给人以柔和与宁静的感受；从一个色相逐渐转变为另一色相，甚至转变成补色相，这种渐层变化既调和又生动。在具体配色时，应把色相变化过程划分成若干个色阶，取其相间 1~2 个色阶的颜色配置在一起，不宜取相隔太近的，也不宜取太远的——太近了渐层变化不明显，太远又失去了渐层的意义。渐层配色方法适用于布置花坛、建筑，也适用于园林空间色彩的转换。用不同色阶的绿色植物能构成具有层次和深度的园景。

（五）中性色的运用

青瓦粉墙是中国民用建筑特色的传统。园林中常以粉墙为纸、竹石为画，构成花影移墙的立体画面，生动而富有韵味。白色的园林建筑小品或雕塑在绿色草坪的衬托下显得十分明净。园林景色宜明快，因而在暗色调的花卉中混入适量的白花可使色调明快起来。把白花混入色相对比较强烈的花卉中可使对比强度缓和。夏季在暖色花卉中加进白色花卉，不仅能使色彩明快，而且可起降温作用；冬天在冷色花卉中加进白色，可起增暖作用。灰色在现代园林中常见诸建筑、路面、塑石、围墙和高低栏杆上，因为灰色是水泥的本色。作为现代建筑材料的水泥在园林中的应用已越来越广泛。自然界中的灰色可使人产生空虚、迷茫及远离的感觉，如透过树林看到一堵灰墙，会使人产生错觉，疑是灰茫茫的天空，灰色天空可使园林环境的色彩变得柔和。

金黄多被应用于建筑室内外的装饰，如寺庙和宝塔的金顶、佛像的全身、建筑彩绘、嵌条、灯饰及家具等，在园林内常用于雕塑上，如苏联夏宫中的雕塑都是喷金的，在日内瓦湖上有一闪光的镂空球体就是金色的；银色多被用于灯饰及栏杆上。一些金属色彩，如不锈钢、紫铜等材料构成的抽象球体，都能给园林空间带来光环的色感。

（六）色块的镶嵌应用

自然界和园林中的色彩，不论是对比色还是调和色，大多是以大小不同的色块镶嵌起来的。例如，蓝色的天空、暗绿色的密林、黄绿色的草坪、闪光的水面、金黄色的花境和红白相间的花坛等。将不同色彩的植物镶嵌在草坪上、护坡上、花坛中都能起到良好的效果。除了采用色块镶嵌以外，还可以用花期相同、植株高度一致而花色不同的两种花卉混栽在一起，可产生模糊镶嵌的效果。从远处看，色彩扑朔迷离，令人神往。

在园林建筑的墙壁上，色彩镶嵌的应用较多，马赛克壁画就是一种色彩镶嵌。用两三种颜色的石屑干粘在墙面上，也能产生模糊镶嵌的效果。

（七）多色处理

单色彩的园林空间是不存在的，而多色彩的空间却比比皆是。杭州花港观鱼公园中的牡丹园是园林植物多色处理的佳例。牡丹盛开时有红枫与之相辉映，有黑松、五针松、白皮松、枸骨、龙柏、常春藤以及草坪等不同纯度的绿色做陪衬，协调在统一的构图中。用红石板砌成石柱，配以白色的木架、绿色的紫藤，缀着紫色的花朵，这也是多色处理。成片栽种色相不同的同种花卉，如半支莲、矮牵牛、石竹、美女樱、百日草、小丽菊及月季花等也是多色处理。有些花卉的花朵本身就有几种色彩，选择花期一致、品种不同的花卉配置在一起，构成花境或模纹花坛，这也是多色处理。多色处理中有调和色也有对比色，大量应用调和色，结合少量对比色，可给人以生动活泼的感受。

四、园林空间色彩构图

园林空间变化极为丰富，在总体规划思想指导下，每一个空间构图都有其特色，这个特色包括空间造型的景物布置和色彩表现，前者是后者的构图依据。没有丰富特色的空间景物结构，色彩则无以依附，但如果只考虑景物结构而无视色彩的景观效果，则景物结构之美终将毁于一旦。所以，在进行色彩构图时务必慎重，具体可从以下两个方面加以考虑。

（一）适应游人的心理

在寒冷地区和寒冷季节，暖色调能使人感到温暖；在喜庆节日和文化活动场所也宜选用暖色调，暖色调使人感到热烈与兴奋。在炎热地区和炎热季节，人们喜欢冷色调，冷色调使人感到凉爽与宁静，因此在宁静的环境中宜采用冷色调，以加强环境的宁静气氛。人们在过于热烈的环境中渴望宁静，在过于宁静的环境中又希望得到某种程度的热烈与兴奋。所以在一个园林中既要有热烈欢乐的场所，也要有幽深安静的环境，以满足各种游人的心态。这样不仅能使游人心理活动取得平衡，而且可使空间景物富于变化。用颜色来营造环境气氛是很重要的，而色彩表现则是由构景要素的天然色彩和人工色彩配合而成的。

（二）确定基调、主调、配调和重点色

园林空间的色彩构图要确定基调色、主调色、配调色和重点色。

1. 基调色

园林色彩的基调取决于自然，天空以蓝色为基调，地面以植被的绿色为基调，这是不以人们的意志为转移的，重要的是选择主色调、配色调和重点色。

2. 主色调

园林中的主色调是以所选植物开花时的色彩表现出来的。例如，杭州植物园的主色调，在早春白玉兰盛开时为白色，在樱花盛开时又变为粉红色，当枫叶变色时又变为红色。所以园林中的主色调是随时令而改变的。

3. 配色调

配色调对主色调起陪衬或烘托作用，因而色彩的配调要从两方面考虑：一是用类似色或调和色从正面强调主色调，对主色调起辅助作用；二是用对比色从反面强调主色调，使主色调由于对比而得到加强。产生主色调的树种，如果花色的明度和纯度都不足，则该树种应种得多些，以多取胜，如樱花；如果花朵色相的明度和纯度都很强，则该树种的栽植数量可以适当减少，如垂丝海棠。

4. 重点色

重点色在园林空间色彩构图中所占比重应是最小的，但其色相的明度

和纯度应是最高的，具有压倒一切的优势。例如，杭州植物园分类的主题建筑"植园春深"的立柱呈大红色，这种红色的明度和纯度都强过周围环境中的其他颜色，起到重点色的作用。

自然界的色彩充满着对比与调和的变化，如红花与绿叶，蔚蓝色的天空与金黄色的阳光，以及物体上的阴与阳等，这些色彩均属于对比效果。而绿树、绿草由于植物的种类和品种不同，呈现出各种不同的绿色，都是调和色。阳光笼罩下的各种物体上不同的暖色以及阴影中各种物体上不同的冷色等，也都属于调和的效果。在调和之间和调和转向对比之间又常常呈现渐变的过程。例如，蔚蓝色的天空在霞光万道之间呈现出橙、橙黄和湛蓝、蓝、淡蓝乃至灰、灰白等颜色的现象都是色彩渐变的效果。

色彩是个复杂的问题，它直接作用于人的感官，产生感情反应。色彩处理得好，就能成为园林环境中强烈的美感之一；如果处理不好，可能造成色彩公害，影响人们的心理健康。大自然中的色彩千变万化，是美的创作源泉，为了创造优美的造型环境，就必须仔细观察自然界中丰富的色彩变化，掌握各种构景要素的色彩和人工色彩的调配规律，只有这样才能大胆而有创造性地进行园林色彩构图，把祖国的园林建设得更加绚丽灿烂、丰富多彩。

第三节　园林艺术法则

提起古典园林，人们会很自然地联想到亭台楼阁、假山池沼、曲径小路、嘉树奇葩。这些联想是符合事实的，它正表明我国古典园林所具有的立体形象和多种艺术风格。中国园林艺术是随着诗歌、绘画等艺术而发展起来的，因而表现出诗情画意的内涵。中国园林艺术着重意境的塑造，园林中的山水、植被、建筑以及其组成的空间关系构成的"景"不是自然景象的简单再现或一种物质环境，而是被赋予情意境界，成为一种精神氛围。

组景贵在"立意",创造意境,寓情于景、情景交融。通过诸如象征与比拟、追求诗情画意、汇聚各地名胜古迹等造园手法,追求天然雅致的美学境界。

中国园林艺术因地制宜地利用环境,巧妙借景,利用自然风趣,通过概括与提炼艺术地再现自然山水之美。我国人民有着崇尚自然、热爱山水的风尚,孔子"仁者乐山,智者乐水"的道德观使中国园林艺术具有师法自然的艺术特征,又带有"天人合一"的哲学思想。

中国古典园林是我国劳动人民的创造和宝贵的文化艺术遗产,必须按照现今社会时代的要求,去其糟粕,取其精华,古为今用,继承和发扬传统园林艺术。本书综合古今各家之说,结合现在风景园林发展需求和趋势把园林艺术法则总结如下。

一、造园之始,意在笔先

风景园林规划设计前应先确定主题思想,即意在笔先,然后再行设计建造,达到主题鲜明、主景突出的效果。不同时代的人们有不同的意境追求,不同的意境追求反映了人们对人生、自然、社会等不同的定位与理解,体现了人们的审美情趣与艺术修养。

意,可视为意志、意念或意境。它强调在造园之前必不可少的意匠构思,也就是指导思想、造园意图。立意,即主题思想的确定,也是指指导思想的构思。主题思想通过园林艺术形象表达,是园林创作的主体和核心。园中景物皆根据其"意"来设置,形成风格统一的艺术整体,如网师园围绕"网师者,渔人也"这一立意,园中所建亭阁房屋都如村社般简实平朴,无富贵之气。正如《园冶·兴造论》中提到的"三分匠,七分主人",在风景园林规划设计中,设计主持人的意图对风景园林建设起着决定性作用。无论是何种园林形式都反映了园主的思想,而其思想是根据园林的性质、地位而定的。如皇家园林颐和园万寿山佛香阁,必以体现至高无上的皇权为主要意图;寺观园林以超凡脱俗、普度众生为宗;私家园林有的以光宗耀祖为目的，有些则以拙政清野、升华超脱、崇尚自然为乐趣。

"意境"一词来自唐代诗人王昌龄的《诗格》，他认为诗有三种境界：只写山水之形的为"物境"，借景生情的为"情境"，托物言志的为"意境"。意境指通过意象的深化而构成的心境意合、神形兼备的艺术境界，也就是主客观情景交融的艺术境界，表现了意因景存、境由意活这样一个辩证关系。如陶渊明代表的田园意境，反映了古代文人雅士对清淡隐逸生活的向往；以仙山琼阁、一池三山为代表的神话意境，表明了自秦、汉以来，历代帝王对仙境长生的向往；景区、景点的题名，蕴藏着人们对生活的强烈眷恋和对祖国大地的赤诚爱心，如位于避暑山庄松林峪山谷端尽头的"食蔗居"，寓意"蔗到尽头最甘甜，行至谷端景最佳。"

以景名代诗，以诗意造景，是意境创作的常用手法。例如，颐和园"知春亭"就出自苏轼"竹外桃花三两枝，春江水暖鸭先知"一诗；"秋水亭"出自王勃《滕王阁序》"落霞与孤鹜齐飞，秋水共长天一色"；苏州网师园的"月到风来亭"出自韩愈诗"晚色将秋至，长风送月来。"以园名点题表现意境者，从许多园林取名可见一斑，如"拙政园""怡园"等。近现代的园林及风景名胜区的景区景点仍运用优美题名创造一种瑰丽深奥的意境美，如沈阳北陵公园的"松海听涛"等。

总之，立意于造园之始，表现于园境之中。立意关系到设计思想的体现，又是设计过程中合理运用园林要素的依据，因此，立意的好坏对整个设计是至关重要的。也就是在风景园林规划之前先需要实地勘察、测绘，掌握情况，明确绿地性质和功能要求，然后确定风格和规划形式。意在笔先，要善于抓住设计中的主要方面，解决功能、观赏、生态及艺术境界的问题。立意要新颖，注重地方特色和时代特性，体现个人艺术风格，注重境界的创造，提高园林艺术的感染力。

二、相地合宜，构图得体

风景园林规划设计必须按基地地形、地势、地貌的实际情况，考虑园林的性质、规模，构思其艺术特征和园景结构。园林的基地地形应有山水的情趣，景观也应随着地势而造，或与山林相依，或与池沼相连。而园主对园林意境的期许，也需要考虑基地的选择，如要在乡野中选择幽胜的美景，则要利用高低错落的密林进行遮挡。只有合乎地形骨架的规律，才有构园得体的可能。

《园冶》相地篇中提到，"园基不拘方向，地势自有高低"，只要"园日涉以成趣"，即可"得景随形"，认为"园林唯山林最胜"，而城市地带则"必向幽偏可筑"，旷野地带应"依乎平冈曲坞，叠陇乔林"。造园多用偏幽山林、平岗山窟、丘陵多树等地，少占农田好地，这也符合当今园林选址的方针。不同的园林有不同的营造手法和营造意境，这在造园选址之初就该确立，如此才能因地而建、因势利导，充分发挥每类地形的长处。相地与立意是不可分割的，是园林创作的前期工作。

在如何构园得体方面，《园冶》有一段精辟的论述，"约十亩之地，须开池者三……余七分之地，为垒土者四……"，不能"非基地而强为其他"，否则只会"虽百般精巧，却终不相宜"。这种水、陆、山"三四三"的用地比例，虽不可定格，但确有其参考价值。不同性质、不同功能要求的园林有着不同的布局特点，不同的布局形式必然反过来影响不同的造园思想，是内容与形式统一的创作过程。但园林构图必须与园林绿地的实用功能相统一，要根据园林绿地的性质、功能用途确定其设施与形式；要根据工程技术、生物学要求和经济上的可能性进行构图、布局；按照功能进行分区，各区要各得其所，分区中各有特色，化整为零，园中有园，互相提携又要多样统一，既分隔又联系，避免杂乱无章；各园都要有特点、有主题、有主景，要主次分明、主题突出，避免喧宾夺主。

另外，园林布局要进行地形及竖向控制，只有山水相依、水陆比例合宜，才有可能创造好的生态环境。城乡风景园林应以绿化空间为主，绿化覆盖率应占有园林面积的85%以上，建筑面积应控制在2%以下，并应有必要的地形起伏，创造至高控制点，引进自然水体，从而达到山因水活的效果。总之，只有相地构园，才能合宜得体。

（一）颐和园

北京颐和园构图达到了主题鲜明、主景突出的效果。颐和园主要由万寿山和昆明湖组成，水面占全园面积的四分之三，但从造园布局来看，仍以万寿山为主体。园林建筑也都依山建构，山前、山腰、山顶，不同地基高度的殿堂楼阁，都因层层上升的地势而突显出来，构成一条爬升曲线。其中，佛香阁虽建于山腰，顶部却突出山顶，从高度、体量上都是能控制全园的制高建筑。正是轴线的顶端，将一座绝对高度不到60 m的山势平缓的万寿山通过攒尖顶、八面形的佛香阁向天际延伸。

佛香阁处在万寿山的东西向的中部，这确立了它的中心位置。从昆明湖的东西岸远眺佛香阁，不但它的尺度恰到好处，有"增之一寸则嫌高，减之一寸则嫌矮"的感觉，而且将周围的近景、远景都凝聚在它的画面之中。在园内的许多庭院内，也都能看到它的身影。当圆明园和畅春园在未毁之前，也是这两座皇家御苑的借景，从玉泉山和香山的坡顶上也能眺望到它的影廓。因此，佛香阁既是颐和园的中心建筑，也是北京西山地区的"三山五园"（香山、玉泉山、万寿山、静宜园、静明园、颐和园、畅春园、圆明园）的构图中心。

（二）寄畅园

江苏无锡寄畅园因布局合理而风韵无限。

景观布局方面：寄畅园有大面积的山石园区，同时有一片水域，形成一种阴阳拓扑关系。

寄畅园在动态布局的方面做得很优秀。石板桥与北岸相通，水心岛上水心亭依水而筑。池西筑有假山群，堆筑相当精巧，达到"虽由人作，宛自天开"的地步。全园只筑有三厅建筑：园北依墙筑有蝴蝶厅，规模宏伟，为全园主要建筑；园西依墙筑有桂花厅；园南端筑有宴厅，为北、西、南三个不同方位观赏全园的最佳观景点。三厅之间，上用串楼下用回廊进行串联，依照地势高低，曲折透逸。双层隔墙上均有什锦漏窗，从楼下回廊与楼上串楼观赏，将园景分成高下两个层次，转换成前后左右四面，既可观赏西园的景色，又可观赏东园的景色，真是"一步一景，步移景换"，达到多角度、多方位、多层次的观景效果。这种既用串楼复廊隔景又用双层漏窗借景的设计，是寄畅园建筑者的独创，在私人园林中很少见。

叠山理水，处理得当。叠山的主要部分在寄畅园南部。山的轮廓有起伏、有主次。叠山底部较高，以土为主，两侧较矮，以石为主，土石间栽植藤蔓和树木，配合自然。山虽不高，而山上高大的树木却助长了它的气势。假山间为山涧，引惠山泉水入园，水流婉转跌落，泉声聒耳，空谷回响，如八音齐奏，称八音涧，与"天下第二泉"相连。

寄畅园中水池的处理很成功。水面南北纵深，池岸中部突出鹤步滩，上植大树二株，与鹤步滩相对处突出知鱼槛亭，将水面划分为二，若断若续。池北又有平桥浅低，似隔还通，层次丰富。寄畅园水池是自然式的，池岸斗折蛇形，犬牙交错，自然活泼，水则百折千回，有始有终，有聚有散，收放有度。

三、巧于因借，因地制宜

中国古典园林（景园）的精华就是"因借"二字。园林是一个有限空间，就免不了考虑其局限性，但是酷爱自然传统的中国造园家，从来没有就范于现有空间的局限，用巧妙的"因借"手法，使有限的园林空间具有了无限风光。"因"者，是就地审视的意思；"借"者，景不限内外。明末造园家计成在其名著《园冶》中提出，"借者，园虽别内外，得景则无拘远近。晴峦耸秀，绀宇凌空，极目所至，俗则屏之，嘉则收之，不分町畽，尽为烟景"，即立足本园，借用园外有利因素，组织到园林景象之间。这种因地、因时借景的做法，大大超越了有限的园林空间。因此，要根据地形地貌特点，结合周围景色环境，巧于因借，做到"虽由人作，宛自天开"，避免矫揉造作。

"夫借景，园林之最要者也。"借景分远借、邻借、仰借、俯借、应时而借五种。借景是强化景深的重要手段。例如，颐和园中的谐趣园远借玉泉山玉峰塔，拙政园凭借北寺塔，玄武湖遥借钟山。古典园林的"无心画""尺户窗"的内借外，此借彼，山借云海，水借蓝天，东借朝阳，西借余晖，秋借红叶，冬借残雪，镜借背景，境借疏影，松借坚毅，竹借高节，借声借色，借情借意，借天借地，就是汇集所有的外围环境的风景信息，拿来为我所用，取得事半功倍的艺术效果。

无锡寄畅园是借景的范例，寄畅园有52景，但这些景物并不都在园内。

寄畅园背山临流，右邻锡山，后倚惠山，近控寺塘泾，远谒惠山浜，周围有丰富的自然山水可供借资。造园匠师能在尺度较小的园林中，产生广阔的意境，在造园布局上能突破园林空间的局限。"纳千里于咫尺之中，使咫尺有千里之势。"以外借山景而论，那是寄畅园运用外借艺术最成功之处。它借惠山和锡山景色，使景色悠然而来，宛似山在园中。由于造园时，在园内西部假山上尽量保存了原有的老树，山上古木交叉，苍茫葱郁，使惠山山景透过树梢木末，半隐半现，若断若续，使人觉得山中有山、树中有树。虽然惠山和园内的假山距离颇远，但由于假山的尺度比例掌握得恰到好处，游人在园中眺望，只觉得惠山峰峦近在眼前，达到"受之于远，得之最近"的最佳艺术效果。这样，通过假山的介置引渡，正面明显地将惠山引揽入园。而设计者对邻近的锡山却采取了不同的手法，仅在园林布局上面留出适当的观瞻位置，利用了树梢瞻角，透露一株秀峰，在隐约含蓄之中将锡山山景和山巅的龙光塔塔景构入园景。游者站在七星桥上东南望，只见锡山上的绿树森森，山巅上的古拙龙光塔历历在目，只觉得山外山、楼外楼，借得古塔进园来，使园内空间序列变化无穷。锡山山色在顾盼之间悄然可见，这更是借景中若无情实有意的巧妙处理。

造园者根据西枕惠山麓，南瞰锡山巅，园内东西狭窄、南北引长、地势西高东低的特点，因高陂山（西部），就低凿池（东部），沿池建筑临水亭廊，在总体不足十五亩的小花园内，大作外借艺术的文章。以外借水源而论，巧妙地借用了墙外的二泉伏流，依据地形的倾斜坡注，顺势导流，创造了曲涧、澄潭、飞瀑、流泉等诸般水景，增加了风景内容，丰富了山水意趣。

高超的"八音涧"黄石假山建筑，使涧流或浮石面，或伏石碑，或旁山崖，或流谷底，使水流忽断忽续、忽隐忽现、忽聚忽散，同时产生不同音响，使水音与岩壑发生共鸣，达到"山本静，水流则动"的观景效果。此外，由于外借的水源是一股终年不竭的活水，这便在根本上保证了东部的水池——锦汇漪的水质清澈不腐。正如宋人郭熙所说："水，活物也。""欲草木欣欣，欲挟烟云而秀媚，欲照溪谷而生光辉，此水之活体也"。

通过相地，可以取得正确的构园选址，然而在一块土地上，要想创造多种景观的协调关系，还要靠因地制宜、随势生动和随机应变的手法，进行合理布局，这是中国造园艺术的又一特点，也是中国画论中经营位置原则之一。画论中有"布局须先相等"，布局要以"取势为主"。《园冶》中也多次提到"景到随机""得景随形"等原则，其实质都是要根据环境形势的具体情况，因山就势、因高就低，随机应变、因地制宜地创造园林景观，即所谓"高方欲就亭台，低凹可开池沼；卜筑贵从水面，立基先究源头，疏源之去由，察水之来历"，这样才能达到"景以境出"的效果。在现代风景园林的建设中，这种对自然风景资源的保护顺应意识和对风景园林景观创作的灵活性仍是实用的。

在构建新园林时，务必从园林的主客观条件（地理条件、面积大小、财力多寡等）出发，注意遵循"因地制宜"这一原则。我国寺庙园林的构建，最善于运用因地制宜这条原则。江苏镇江有三座寺庙园林（金山寺、甘露寺和定慧寺），分别构建于不同的三座山峰（金山、北固山与焦山）上。基于三座山峰不同的地理形势，三座寺庙园林的构建者便分别采取了"寺裹山""寺镇山""山裹寺"三种迥然不同的布局方式。镇江三山三寺的成功构建，实在是因地制宜地构建园林的典范，值得我们今天造园时进行创造性的借鉴。

四、欲扬先抑，柳暗花明

风景园林规划设计十分注重人在空间中行进时心理体验的变化，欲扬先抑是处理园林景观高潮的一个十分有效的方法，用"抑"产生期待，烘托出"扬"的精彩，产生"柳暗花明"的效果。一个包罗万象的园林空间，有多种方法向游人展示。对于如何取得引人入胜的效果，东西方造园艺术似乎各具特色。

西方几何式园林以开朗明快、宽阔通达、一目了然为其偏好，符合西方人的审美心理。东方人因受儒家学说影响，且中国文学及画论也提供了很好的借鉴，塑造了中国人含蓄遵礼的习俗。崇尚"欲露先藏，欲扬先抑"及"山重水复疑无路，柳暗花明又一村"的效果，这些都符合东方的审美心理与规律，故而在景园艺术处理上讲究含蓄有致、曲径通幽、逐渐展示、引人入胜。表现在园林布局上就是采取先藏后露、引人渐入佳境的做法。陶渊明的《桃花源记》给我们提供了一个欲扬先抑的范例，遇洞探幽，豁然开朗，偶入世外桃源，人无限向往。如在造园时，运用影壁、假山水景等作为入口屏障；利用绿化树丛做隔景；创造地形变化来组织空间的渐进发展；利用道路系统的曲折引进并结合门洞形成的框景，形成园林景物依次出现的效果；利用虚实院墙的隔而不断；利用园中园、景中景的形式等，都可以创造引人入胜的效果。它无形中拉长了游览路线，增加了空间层次，给人们带来柳暗花明、绝路逢生的无穷情趣。

尽管现代风景园林对以上两种方式出现了综合并用的趋势，然而作为造园艺术的精华，两者都有保留发扬的价值。

五、开合有致，步移景异

如果说欲扬先抑给人带来层次感，则开合有致、步移景异给人以韵律感。中国园林景观序列中有阴有阳、有开有合、有虚有实、有疏有密、有动有静、有明有暗、有主有次、有大有小、有长有短、有浓有淡、有远有近、有俯有仰、有起有伏、有首有尾、有转有承等无往不复的各种对比变化，完成了由有限空间向无限空间有节奏、有韵律的过渡。节奏与韵律感，是人类生理活动的产物，表现在风景园林艺术上，就是创造不同大小类型的空间，通过人们在行进中的视点、视线、视距、视野、视角等反复变化，产生审美心理的变迁，通过移步换景的处理，增加引人入胜的吸引力。

风景园林是一个流动的游赏空间，善于在流动中造景，也是中国园林特色之一。以此为借鉴，风景园林同样可以创造这种效果。现代综合性风景园林有着广阔的地域、丰富的内容、多类型的出入口、多种序列交叉游程，因此，不能有起结开合的固定程序，但是，因地制宜、因景设施的景区布置、景点设置和功能分区还是必要的。可以仿效古典园林在空间上的开合收放、疏密虚实的变化原则，如景区的大小、景点的聚散、绿化草坪植树的疏密、园林建筑的虚与实等，这种多领域的开合反复变化，会创造宽窄、急缓、闭敞、明暗、远近之别的序列，必然带给游人心理起伏的律动感，使景园达到步移景异、渐入佳境的效果。

"步移景异"是中国传统园林的一大艺术特色，包含空间转换与景致变换两重意思。江南私家园林经营空间的艺术性比皇家园林略胜一筹，但同为私家园林也风格各异，拙政园明瑟旷远，网师园小巧精致，沧浪亭历史已久，艺圃极具飘逸之气，唯独留园，面积适中，空间密度较大，变化丰富，用来分析"步移景异"具有典型性。留园以水面为中心，以冠云峰为景观序列的高潮，从入口到"还我读书斋"一段，基本包含了主要的空间类型。尤其是位于门厅过道、古木交柯前的庭院、古木交柯、曲溪楼、清风池馆、五峰仙馆、还我读书斋这7个"站点"的空间及景观类型。

（一）门厅过道

入口的"本体空间"是狭长幽暗的廊道——门厅过道，"站点"左侧是个天井，从功能上讲它能给过道带来自然光线；从空间上讲，是在本体空间之外增加了一重维度。景色从漏窗中透过，会产生内与外、明与暗的对比，加强人对本体空间的认知。

（二）古木交柯前的庭院

在曲折幽暗的廊道空间过后，出现了古木交柯前的庭院，沿对角线方向有两个开口：来的方向上，是过道和角落里的植物，这些植物成为视觉落点；去的方向上，也是一个过道，从站点的位置上看去，是一个"孔洞"。同时，对角线两侧的建筑与自然景物对应而立，辅助加强空间自身的个性。

（三）古木交柯

古木交柯的"本体空间"是形态微妙的建筑空间，没有寻常建筑的四面围合之感，建筑的属性显得很微弱。北墙上的一排漏窗，形态各异，花样精美，其角度和位置有细微差别，框景也各不相同。这里，画面更像平面的、二维的，里面的景物没有单独存在的意义，一个一个浏览过去，才发觉是一个完整的外部空间。

（四）曲溪楼

空间序列经过前面"收—放—收—略放—收"的一系列变化，在曲溪楼这里向水面完全打开，视线间的角度增大，人的意识被拉出空间之外，空间向外打开的程度到达了极限，形成了一个空间及景观的高潮。

（五）清风池馆

清风池馆虽然同样是通过门窗来关照外部环境，但与曲溪楼的全景图像不同，人仍然在空间之内。同时，由于各个视线落点的位置形态各不相同，因而就有了主次、远近之别，空间层次清晰可见。

（六）五峰仙馆

五峰仙馆的"本体空间"是功能明确的建筑空间，由出入口和窗户所见到的景物都是对"本体空间"的丰富和延伸。建筑的四个边角都有处理：西北侧有汲古得绠处作为辅助空间；西南侧是来时的通道；东南是离开的通道；东面是漏窗—天井—漏窗—通道—门洞，几重小空间重叠在一起。

（七）还我读书斋

从五峰仙馆出来是整个园林里最混沌的一段空间，窗、门以及各个方向的路径，人在其中无法辨别自身所在，只能随意地挑选一个方向，而每一种可能性都不会落空。在这种随意的状态之下来到"还我读书斋"，面对的是一个完整的完全闭合的院落，反差之下，这一空间的个性就显得格外突出。同时，进院落之前的两个天井加强了空间的边界，院落中心的置石也使此空间更具向心性，这些都使本体空间成为一个"末梢"，再没有延伸的可能，恰如其分地营造了读书地所需要的安静氛围，游人既可以安于此恒定维度的空间，也可以转身离开。

六、小中见大，咫尺山林

首先，因借是利用外景来扩大园内空间的方法，运用"借景"手法，突破园墙的局限，将园外之景纳入园中观赏范围，以起缩地扩基之妙，也可以达到园内小中见大、咫尺山林的效果。还可以通过调动内景诸要素之间的关系达到小中见大、咫尺山林的效果。园内之景可相互借资，通过视点、视角的切换以及对比和反衬，造成错觉和联想，使同一景物发生景观的种种变化，以小寓大、以少胜多，扩大空间感，成倍丰富园景，形成咫尺山林的效果。这多用于较小的园林空间。

其次，在园林的结构布局上，常将园林划为景点、景区，使景与景间分隔又有联系，而形成若干忽高忽低、时敞时闭、层次丰富、曲折多趣的小园。常用粉墙、曲廊、花坛等将一个园子分隔成若干小的景区，并赋予这些小区特定的风景主题，以此来增加园景的层次，使欣赏的内容多样化。人行其间，则峰回路转，幅幅成图，柳暗花明，意趣无穷。陈从周《说园》有言，"园林中的大小是相对的，无大便无小，无小也无大。园林空间越分隔，感到越大，越有变化，以有限面积，造无限的空间，因此，大园包小园，即基此理"（大湖包小湖，如西湖三潭印月）。

孙筱祥在《山水画与园林》中，对于"小中见大"做过精辟的分析。他认为，在园林中，为了增强景深的感受，需要增加风景层次，而每层的景物最好在线条、色彩上有所不同，这是空间深度层面"小中见大"的第一种方法。使空间组织"小中见大"的第二种办法是"实中求虚"。第三种办法是引起错觉和联想，模拟与缩写是创造咫尺山林、小中见大的主要手法之一。堆石为山、立石为峰、凿池为塘、垒土为岛，都是模拟自然，池仿西湖水，岛作蓬莱、方丈、瀛洲之神山，其体型以能引起人们对名山大川的联想、成为崇山峻岭的缩景为上品，使人有"虽在小天地，置身大自然"的感受，如江苏扬州小盘谷。第四种办法是本着"景愈藏，景界愈大"的原则，即"欲露先藏"的"抑景"手法。

《园冶》要求做到"纳千顷之汪洋，收四时之烂漫""动'江流天地外'之情，合'山色有无中'之句"。掇山要"蹊径盘且长，峰峦秀而古，多方景胜，咫尺山林"。李渔主张"一卷代山，一勺代水"。在不大的园林空间内，不是抄袭自然，而是取其精华部位再现组合，创造峰峦岩洞、谷涧飞瀑之势。苏州环秀山庄就是咫尺之境，是创造山峦云涌、峭崖深谷、林木丛翠、水天环绕的典型佳作。取得小中见大的秘诀，不外乎山以动势取胜，峦仿风云变幻，峡谷进而仰视，林木层层覆盖，水面宽而回环。俯可见山影云影，平可视曲水无尽，仰可望峰峦洞穴。巧用对比反衬的方法，可以在任何局限的小空间里，纳时空之一角，展现无限风光。人们可赏、可游、可居、可食，足可有小中见大的艺术效果。

七、文景相依，诗情画意

"文以景存，景以文传；引诗点景，诗情画意。"这是中国风景园林艺术的特点之一。中国园林艺术之所以流传古今中外，经久不衰，一是有符合自然规律的人文景观，二是有符合人文情意的诗和画。诗和画，把现实风景中的自然美，转化为园林空间艺术，提炼为艺术美，上升为自然山水的诗情和画境。但其不是简单模仿大自然，而是大自然写意的艺术创作；不是追求大自然的形似，而是抓住大自然本质特征的形象，体现出神似，构成理想的自然山水景观，它源于自然但高于自然。而园林造景与文字诗画有机结合，把这种艺术中的美及诗情和画境变为现实，使之富有诗情画意的特点，在中国古典园林中是共有的。"文因景成，景借文传"，文景相依，同时，寓情于景、情景交融，人们触景生情，使园林充满了诗情画意，使中国园林更富生机，深入人心，流芳百世。

文景相依表现在大量的风景信息之中，体现出中国风景园林人文景观与自然景观的有机结合。例如，北京颐和园十七孔桥形成了"有声的画、有形的诗、凝固的音乐、流动的建筑"的意境。泰山被联合国列为文化与自然遗产，就是最好的例证。泰山的宗教、神话、君主封禅、石雕碑刻和民俗传说，随着泰山的高峻雄伟和丰富的自然资源，向世界发出了风景音符的最强音。《红楼梦》中所描写的大观园，以文学的笔调，为后人留下了丰富的造园哲理。一个"潇湘馆"的题名就点出种竹的内涵，一则表达了黛玉对宝玉的感情，二则表现了环境的清凉，三则反映了黛玉的愁肠，实在深刻而生动。唐代张继的《枫桥夜泊》一诗，以脍炙人口的诗句，把寒山寺的钟声深深印刻在中国人民的心底，每年招来无数游客，寒山寺才得以名扬海外。

中国景园中题名、匾额、楹联随处可见，而以诗、史、文、曲咏景者则数不胜数。

（一）根据园主思想意志命名

"颐和园"表示颐养调和之意；"圆明园"表示君子适中豁达、明静、虚空之意；苏州"拙政园"表明拙者之为政也。

（二）利用景区特征命名

表示景区特征的如承德避暑山庄康熙所题四字36景和乾隆所题三字36景的景名。四字的有烟波致爽、水芳岩秀、万壑松风、锤峰落照、南山积雪、梨花伴月、濠濮间想、水流云在、风泉清听、清枫绿屿等；三字的有水心榭、青雀舫、冷香亭、观莲所、松鹤斋、知鱼矶、采菱渡、驯鹿坡、翠云岩、畅远台等。杭州西湖更有苏堤春晓、曲院风荷、平湖秋月、三潭印月、柳浪闻莺、花港观鱼、南屏晚钟、断桥残雪等景名。

（三）引用唐诗宋词题名

引用唐诗宋词题名更富有情趣，如苏州拙政园的"与谁同坐轩"，取自苏轼诗"与谁同坐？明月、清风、我。""邀月门"取自李白"举杯邀明月，对影成三人。""松风阁"取自杜甫"松风吹解带，山月照弹琴。"

（四）采用匾额点景

利用匾额看景的如颐和园的"涵虚""罨秀"牌坊，涵虚一表水景，二表涵纳之意；罨秀表示招贤纳士之意。北海公园中的"积翠""堆云"牌坊，前者有集水为湖之意，后者有堆山如云之意，取自郑板桥"月来满地水，云起一天山。"

（五）利用对联点题

利用对联点题的更不胜枚举，苏州网师园内的一副对联，"风风雨雨暖暖寒寒处处寻寻觅觅，莺莺燕燕花花叶叶卿卿暮暮朝朝"，韵味十足，全联主题突出，富有音乐的美感。泰山普照寺内有"筛月亭"，因旁有古松铺盖，取长松筛月之意。亭之四柱各有景联，东为"高筑两椽先得月，不安四壁怕遮山"；南为"曲径云深宜种竹，空亭月朗正当楼"；西为"收拾岚光归四照，招邀明月得三分"；北为"引泉种竹开三径，援释归儒近五贤"。这种以景造名，又借名发挥的做法，把园景引入了更深的审美层次。登上泰山南天门，举目可见"门辟九霄仰步三天胜迹，阶崇万级俯临千嶂奇观"，真是一身疲惫顿消，满腹灵升天。来到玉皇顶，但见玉皇庙门有联曰："地到无边天作界，山登绝顶我为峰。"

（六）因景传文

还有因景传文而名扬四海的，如李白的"朝辞白帝彩云间，千里江陵一日还。两岸猿声啼不住，轻舟已过万重山。"千古佳作给白帝城增辉。又如，杭州西泠印社对联"合内湖外湖风景奇观都归一览，萃浙东浙西人文秀气独有千秋"，把人文景观和环境美融为一体。对于风景园林中特定景观的文学描述或取名，给人们以更加深刻的诗情画意，如对月亮的形容有金蟾、金兔、金镜、金盘、银钩、银台、玉兔、玉轮、悬弓、宝镜、素娥、蟾宫等。春天风景名有杏坞春深、长堤春柳、海棠春坞、绿杨柳、春笋廊等。夏景有以荷为主的诗句"毕竟西湖六月中，风光不与四时同。接天莲叶无穷碧，映日荷花别样红。"夏景还有听蝉谷、消夏湾、听雨轩、梧竹幽居、留听阁、远香堂。秋景有天香秋满（退思园）、扫叶山房（南京清凉山）、闻木樨香轩、写秋轩等。冬景有岁寒居、三友轩、南山积雪、踏雪寻梅，以及北宋画家郭熙《林泉高致》"春山澹冶而如笑，夏山苍翠而如滴，秋山明净而如妆，冬山惨淡而如睡"等。至于有些园已无存、意境犹在的诗文，流传至今，依然令人回味。如王维《辋川集》诗中的描述："日日采莲去，洲长多暮归。弄篙莫溅水，畏湿红莲衣。"尽管景色早已无存，但人们对它的向往依旧存在。

八、虽由人作，宛自天开

中国园林造园者顺应自然、利用自然和仿效自然的主导思想始终不移。通过因借自然、堆山理水，可谓顺天然之理、应自然之规。只要"稍动天机"，即可做到"有真有假，做假成真""虽由人作，宛自天开"的效果，使中国造园堪称"巧夺天工"。古人正是在研究自然之美、探索了这一自然规律之后才悟出景园艺术的真谛，这是中国传统景园最重要的艺术法则与特征。

在《园冶》中，作者以自己多年的实践经验提出了"虽由人作，宛自天开"的造园理念，追求自然写意的园林风格，避免了人工雕琢的痕迹，达到浑然天成的自然美效果。讲究园林的建造不仅要外观精致，更要在文化内涵上崇尚自然，实现人与自然和谐统一的美学风格。这种造园理论寓含着朴素的生态美学思想。

"巧于因借，精在体宜"之说贯穿《园冶》的各个部分，而所谓"极目所至，俗则屏之，嘉则收之"，所谓"纳千顷之汪洋，收四时之烂漫"的借景原则所要达到的效果正是"虽由人作，宛自天开"。因此，可以说"虽由人作，宛自天开"是《园冶》核心理念的集中表达，其实也正是中国古典艺术的自然观在园林艺术中的体现。"真"是"虽由人作，宛自天开"之"里"，"巧于因借，精在体宜"是"虽由人作，宛自天开"之"表"。"巧于因借，精在体宜"是为了达到"真"，而"真"是"虽由人作，宛自天开"的核心。

在我国造园的范例中可见巧在顺天然之理、应自然之规，就是遵循客观规律，符合自然秩序，撷取天然精华，布局顺理成章。这种规律表现在众多的具体造景手法之中。

（一）掇山

《园冶》中论造山者："峭壁贵于直立，悬崖使其后坚。岩、峦、洞穴之莫穷，洞、壑、坡、矶之俨是。信足疑无别境，举头自有深情。"另有"未山先麓，自然地势之嶙嶒；构土成岗，不在石形之巧拙"，"欲知堆土之奥妙，还拟理石之精微。山林意味深求，花木情缘易逗。有真为假，做假成真"等论述。

（二）理水

"约十亩之基，须开池者三，曲折有情，疏源正可"，"曲曲一湾柳月，濯魄清波；遥遥十里荷风，递香幽室"。"疏水若为无尽，断处通桥"，对曲水流觞主张"何不以理涧法，上理石泉，口入瀑布，亦可流觞，似得天然之趣"。做瀑布可以利用高楼檐水，用天沟引流，"突出石口，泛漫而下，才如瀑布"。寄畅园的八音涧是利用跌落水声造景的范例。无论是古代园林还是现代园林，大水小溪都是人们喜爱的造园要素。广泛利用天上降水、地下引流、池中挖井、高差落水等方法，就能顺山峦之理、成水景之章，如上海辰山矿坑花园。

（三）植物配植

古人对树木花草的厚爱，不亚于山水。文人墨客利用植物的人格化特征进行不同意境的创造，或利用植物题名造景，都反映了植物造景中"天人合一"的哲理。如《园冶》中多处可见："开林绿剪蓬蒿"，"在涧共修兰芷"，"梧阴匝地，槐荫当庭，插柳沿堤，栽梅绕屋"，"移竹当窗，分梨为院"，"芍药宜栏，蔷薇未架；不妨凭石，最厌编屏"，"开荒欲引长流，摘景全留杂梅"，"寻幽移竹，对景莳花；桃李不言，似通津信"。

古人在植物造景中，还找到一些规律性的配植方式，丛植而成山林气氛，并突出植物特色，如牡丹园、月季园、菊花园、蔷薇谷、桃花峪、芙蓉隈、梅花岭、松柏坡、枫林晚、珍李坂、竹林寺、海棠坞、木樨轩、玉兰堂、远香堂（荷花）等。清代陈扶摇（陈昊子）的《花镜》有"种植位置法"，其中有"花之喜阳者，引东旭而纳西晖；花之喜阴者，植北囿而领南薰。"亦有"梅花……宜疏篱竹坞"；"桃花……宜别墅山隈、小桥溪畔"；"李花……宜屋角墙头"；"梨……李……宜闲庭旷圃"；"榴、葵……宜粉壁绿窗"；"木榉……宜崇台广厦";"紫荆……宜竹篱花坊";"松柏……宜峭壁奇峰";"梧、竹……宜深院孤亭";"荷……宜水阁南轩";"菊……宜茅舍清斋";"枫叶飘丹，宜重楼远眺"等。

总之，对山石的玲珑巧安、对建筑的随机摆布、对蹬道的自然盘曲、对风雨云雾的利用等，都是古人在探索了自然规律之后，才能运筹帷幄、巧夺天工，达到"虽由人作，宛自天开"的效果。

颐和园、承德避暑山庄、拙政园、留园，是闻名遐迩的中国四大名园。这些古典园林并不单纯地模仿自然，而是以建筑、山水、花木等为要素，取诗的意境作为造园的依据，范山模水而又人工为之，虚实相衬，借景对景，步移景变……均得人而彰，聚名山大川鲜花于一园，而至"虽由人作，宛自天开"的艺术境界。它们是古典园林的艺术杰作。颐和园，主体建筑佛香阁北面依山，南面临湖，取山水意境，并借北京城内北海白塔、景山之美景，是最完整的皇家行宫御苑；承德避暑山庄又名承德离宫和行宫，由宫室、皇家园林和宏大的寺庙组成，蔚为壮观；拙政园，全园有五分之三的水面，造园采用"高方欲就亭台，低凹可开池沼"的因地制宜的手法，留园和拙政园同在苏州，被称为"吴下名园之冠"。

第四节　园林意境的创造

园林均有意境，或直接表达，或间接表达。相对于西方园林，意境涵蕴是中国古典园林非常重要的特点和创作内容之一。风景园林规划设计的重点是通过对环境的渲染以及气氛的烘托，来达到美学、文学以及景观功能相结合的目的。因此，规划设计中如何做好主题意境的渲染以及烘托就显得尤为重要，也是园林艺术设计中的重点。

在建造优秀的园林景观时，设计者必须首先确立一个卓尔不群、立意新颖、内涵深刻的主题，作为园林的"灵魂"和"统帅"，创造具备氛围融洽、主题突出和意境丰富等特点的园林环境。主题意境能够在有限的空间内表达出无限的精神内涵，因此，在设计时要充分把握和提炼自然、人文景观及元素等的形象、特点与特征，在设计者脑内形成具有一定精神寄托并且被景象化的概念，然后通过视觉、触觉和听觉等形式将这种概念具体化或抽象为符号，设计出优秀的作品，使观赏者在欣赏时能够得到情感和精神上的共鸣，感受到这种主题意境下设计者所要表达的精神理念与情感观念。这种主题意境的营造是抽象化和具象化的有机结合，在表达上倾向于含蓄，与中国传统文化中的言外之意、弦外之音有异曲同工之妙，通过调动人们的想象力来实现主题精神的传达。

现存的皇家园林之所以采取圈形内心式布局，乃是由于"朕即一切"这一皇权主题所决定的；山区寺庙园林之所以采取步步登天式布局，乃是由于宗教的"朝天"这一神权的主题所决定的。它们都极其注重主题的精神是可取的，具有一定的现实借鉴意义。

沧浪亭的园林主题是"沧浪之水，清可濯缨，浊可濯足"，富含人生哲理。正因为它的主题立意极高，才保证了这座园林的文化品位极高。

个园的园林主题原是"竹"，"个"者，半个"竹"也，其命名源于园主仿效苏东坡"宁可食无肉，不可居无竹"的诗意。但笔者以为，个园最鲜明的个性不在于竹，而在于四季假山的布局。所谓"个"，其实非"竹"也，而是"特"也。由于它别出心裁的构思，才使它闻名遐迩。

因而，凡在构建新的园林之前，必须集中全部的精力，确立一个立意新颖、不落俗套、"卓尔不群"的主题，这才是保证构建新园林时成功之关键。此外，一个园林一般以确立一个主题为好，不要确立多重主题，否则就会弄得杂乱无章、主次不明。

一、园林意境

(一) 意境的内涵

所谓意境,从美学上讲,它是欣赏者在艺术形象的审美过程中所获得的美感境界。它来源于艺术形象,但又不同于艺术形象。

意境是情景交融的观点,为我国传统的美学思想,它滥觞于南朝著名文学理论批评家刘勰的巨著《文心雕龙》一书,其在文学上的表现便是景与情的结合。因此,就园林艺术而言,意境就是由物境(园景形象)和情境(审美感情、审美评价、审美理想)在含蓄的艺术表现中所形成的高度和谐的美的境界,亦即园林意境是园景形象与它们所引起欣赏者相应的情感、思想相结合的境界。例如,在我国传统园林的意境表达上,植物造景就有松之坚贞、梅之清高、竹之刚直不阿、兰之幽谷品质、菊之傲骨凌霜、荷花之出淤泥而不染等,在山水创作方面更有观拳山勺水如神游峻岭大川之说。

意境是中国美学对世界美学思想独特而卓越的贡献,中国古典美学的意境说,在园林艺术、园林美学中得到了独特的体现。中国园林的美,并不是孤立的园景之美,而是艺术意境之美。因此,中国古典园林美学的中心内容,是园林意境的创造和欣赏。

在风景园林规划设计时,除了布置景物的形象,还要做巧妙处理,使这些形象能在欣赏者心目中产生设计预期的情思,形成或创造一定的意境,这样才能使造园艺术达到更高的境界。园林的设计布置如果只停留在外观的安排,而没有表达一定的情意,就形成不了相应的意境,美的效果必然也会受到影响,甚至仅是景象零碎或庞杂呆板的凑合。如果重视了意境的形成和创造,则能丰富欣赏内容,增加欣赏深广程度,产生更加动人的园景效应。

园林意境是比直观的园景形象更为深刻、更为高级的审美范畴。它融会了诗情画意与形象、哲理等精神内容，通过游人眼前具体的园景形象来暗示更为深广的优美境界，实现了"景有尽而意无穷"的审美效果。对创作来讲，园林意境是客观世界的反映和创作者的主观意念及情感的抒发。对欣赏者来说，园林意境既是客观存在的园林属性，又是游人主观世界浮想联翩的审美感受，并且这种感受以游人对自然与生活的体验、文化素养、审美能力和对园林艺术语言的了解程度为基础，亦可谓"景感"。对创作者而言，园林意境是可知的，其构成可以通过理性的分析加以认识和掌握，从而作为创作的指导。对欣赏者而言，园林意境是比较隐晦的，因此，要充分领略其内容，也有一个提高文化与艺术修养的问题。

意境在文学上是景与情的结合，写景就是写情，见景生情、借景抒情、情景交融。古代许多伟大的诗人都善用对景物的描写来表达个人的思想感情，如李白《黄鹤楼送孟浩然之广陵》："故人西辞黄鹤楼，烟花三月下扬州。孤帆远影碧空尽，唯见长江天际流。"诗中虽只字未提诗人的感情如何，但是通过诗人对景物的描写，使读者清晰地想象到帆船早已远去、而送别的人还伫立在江边怅望的情景，那种深厚的友情溢盈于诗表。因此，以景抒情，情更真，意更切，更能打动读者的心弦，引起感情上的共鸣，这就是言外之意、弦外之音，确切地说，这就是意境。

（二）立意与意境之间的关系

一件艺术作品应该是主客观统一的产物，作者应该而且可以通过丰富的生活联想和虚构，使自然界精美之处更加集中、更加典型化，就在这个"迁想妙得"的过程中，作者会自然而然地融进自己的思想感情，并且必然会通过作品反映出来。这是一个"艺术构思"的过程，是"以形写神"的过程，是"借景抒情"的过程，是使"自然形象"升华为"艺术形象"的过程，也就是"立意"和创造"意境"的过程。

作者越重视"造境"过程，收到的艺术效果必然越好。清代画家方薰在他所著的《山静居画论》中提道:"笔墨之妙,画者意中之妙也。故古人作画,意在笔先。""作画必先生立意以定位置,意奇则奇,意高则高,意远则远,意深则深,意古则古,庸则庸,俗则俗矣。"由此可见"立意"是何等重要。可以这样认为:没有"生活",也就无从"立意",而"生活"却顺归于"立意",没有"立意",也就没有"意境",作品就失去了灵魂。"意"即作者对景物的一种感受,进而转化为一种表现欲望和创作激情,没有作者能动地通过对象向观众抒发和表达自己的思想感情,艺术就失去了生命,作品就失去了感染观众的魅力。由此可见,"立意"是"传神"和创造"意境"的必由之路。

写景是为了写情,情景交融,意境自出,所以一切景语皆情语。园林设计是用景语来表达作者的思想感情的。人们处在园林这种有"情"的环境中,自然会产生不同深度的联想,最后概括、综合,使感觉升华,成为意境。有些园林工作者对自然风景没有深刻感受,总是重复别人的,甚至把园林设计公式化,尽管穷极技巧,总让人感到矫揉造作,缺乏感人的魅力,这种作品是没有艺术价值的。自己没有感动,又如何能感动别人,更谈不上有意境的创造。对欣赏者而言,因人而别,见仁见智,不一定都能按照设计者的意图去欣赏和体会,这正说明一切景物所表达的信息具有多样性和不定性的特点,意随人异,境随时迁。

二、园林意境的表达方式

园林意境的表达方式可以分为两类,即直接表达方式、间接表达方式。

(一)直接表达方式

直接表达方式是指在有限的空间内,凭借山石、水体、建筑以及植物等四大构景要素,创造出无限的言外之意和弦外之音。

1. 形象的表达

园林是一种时空统一的造型艺术,是以具体形象表达思想感情的。例如，南京莫愁湖公园中的莫愁女、西湖旁边的鉴湖女侠秋瑾、东湖的屈原、上海动物园的欧阳海和草原两姊妹，以及黄继光、董存瑞、刘胡兰等都能使人产生很深的感受。神话小说中的孙悟空会使人想到"今日欢呼孙大圣，只缘妖雾又重来"。岳坟前跪着的秦桧夫妇会让人联想到"江山有幸埋忠骨，白铁无辜铸佞臣"。在儿童游园或者小动物区用卡通式小屋、蘑菇亭、月洞门，使人犹如进入童话世界。再如，山令人静、石令人古、小桥流水令人亲、草原令人旷、湖泊和大海令人心旷神怡、亭台楼阁使人浮想联翩等，不需要用文字说明就可使人产生相应的感受。

2. 典型性的表达

鲁迅说过"文学作品的典型形象的创造，大致是杂取种种人，合成'一个'。这一个人与生活中的任何一个实有的人都'不似'。这不似生活中的某一个人，但'似'某一类人中的每一个人，才是艺术要求的典型形象。"堆山置石亦然，中国古典园林中的堆山置石，并不是某一地区真山水的再现，而是经过高度概括和提炼出来的自然山水，用以表达深山大壑、广亩巨泽，使人有置身于真山水之中的感觉。

3. 游离性的表达

游离性的园林空间结构是时空的连续结构。设计者巧妙地为游赏者安排几条最佳的导游线，为空间序列喜剧化和节奏性的展开指引方向。整个园林空间结构此起彼伏、藏露隐现、开合收放、虚实相辅，使游赏者步移景异，目之所及、思之所至，无不随时间和空间而变化，使人感觉自己似乎处在一个异常丰富、深广莫测的空间之内，妙思不绝。

4. 联觉性的表达

由甲联想到乙，由乙联想到丙，使想象越来越丰富，从而收到言有尽而意无穷的效果。扬州个园中的四季假山，以石笋示春山，湖石代表夏山，黄石代表秋山，宣石代表冬山，在神态、造型和色泽上使人联想到四季变化，游园一周有历一年之感，周而复始，体现了空间和时间的无限。

在冬山的北墙上开了 4 排 24 个直径尺许的圆洞，当弄堂风通过圆洞时，加强了北风呼号的音响效果，加深了寒冬腊月之意。在东墙上开两个圆形漏窗，从漏窗隐约可见翠竹石笋，具有冬去春来之意。作者用意之深，使人体会到意境的存在，起到神游物外的作用。由滴水联想到山泉，由沧浪亭联想到屈原与渔父的故事。当时屈原被放逐，有渔父问他为何被放逐。答曰："举世皆浊我独清，举世皆醉我独醒。"渔父答曰："沧浪之水清兮濯吾缨，沧浪之水浊兮濯吾足。"看到残荷就想到听雨声，都是联觉性在起作用，也就是在园林中用比拟联想的手法获得意境。

5. 模糊性的表达

模糊性即不定性，在园林中，我们常常看到介于室内与室外之间的亭、廊、轩等。在自然花木与人工建筑之间，有叠石假山，石虽天然生就，山却用人工堆叠。在似与非似之间，我们看到有不系舟，既似楼台水榭，又像画舫航船。水面上的汀步分不清是桥还是路，粉墙上的花窗，欲挡还是欲透，圆圆的月洞门，是门却没有门扇，可以进去，却又使人留步。整个园林是室外空间，却园墙高筑与外界隔绝，是室内空间，却又阳光倾泻，树影摇曳，春风满园。几块山石的组合堆叠，是盆景还是丘壑？是盆景，怎么能登能探，充满着山野气氛？是丘壑，怎么又玲珑剔透，无风无霜？回流的曲水源源而来、缓缓而去，水头和去路隐于石缝矶凹，似有源，似无尽。

在这围透之间、有无之间、大小之间、动静之间和似与非似之间，在这矛盾对立与共处之中，形成令人振奋的情趣，意味深长。由此可知，模糊性的表达发人深思，往往可使一块小天地、一个局部处理变得隽永耐看，耐人寻味。《白雨斋词话》中有一段话："意在笔先，神余言外""若隐若现，欲露不露，反复缠绵，终不许一语道破。"换句话说，一切景物都不要和盘托出，应给游赏者留有想象的余地。

（二）间接表达方式

园林意境的间接表达方式主要包括利用光与影、色彩、声响、香气以及气象因子等来创造空间意境。

1. 光与影

（1）光是反映园林空间深度和层次极为重要的因素。即使同一个空间，由于光线不同，也会产生不同的效果，如夜山低、晴山近和晓山高是光的日变化，给景物带来视觉上的变化。由明到暗、由暗到明和半明半暗的变化都能给空间带来特殊的气氛，可以使人感觉空间扩大或缩小。

①天然光。在天然光和灯光的运用中，天然光对园林来说更为重要。春光明媚、旭日东升、落日余晖、阳光普照以及床前明月光、峨眉佛光等都能给园林带来绮丽景色和欢乐气氛。利用光的明暗与光影对比，配合空间的收放开合，渲染园林空间气氛。以留园的入口为例，为了增强欲放先收的效果，在空间极度收缩时，采用十分幽暗的光线，当游人通过一段幽暗的过道后，展现在面前的是极度开敞明亮的空间，从而达到十分强烈的对比效果。在这一段冗长的空间，通过墙上开设的漏窗，形成一幅幅明暗相间、光影变化、韵味隽永的画面，增加了意趣。

②灯光。灯光的运用常常可以创造独特的空间意境，如颐和园的后湖，由于空间开合收放所引起的光线明暗对比，使后湖显得分外幽深宁静。乐寿堂前的什锦灯窗，利用灯光营造特殊气氛。每当夜幕降临，周围的山石、树木都隐退到黑暗中，独乐寿堂游廊上的什锦灯窗中的光在静悄悄的湖面上投下了美丽的倒影，具有岸上人家的意境。

杭州西湖三潭印月的3个塔，塔高2 m，中间是空的，塔身有5个圆形窗洞，每到中秋夜晚，塔中点灯，灯影投射在水中和天上的明月交相辉映，意境倍增。喷泉配合灯光，使园林夜空绚丽多彩、富丽堂皇，园林中的地灯更显神采。

（2）影是物体在光照下所形成的，只要有光照，就会有影产生，即形影不离。例如，"亭中待月迎风，轩外花影移墙""春色恼人眠不得，月移花影上栏杆""曲径通幽处，必有翠影扶疏""浮萍破处见山影""隔墙送过千秋影""无数杨花过无影"，在古典文学的宝库中，写影的名句俯拾皆是。

在园林诸影中，如檐下的阴影、墙上的块影、梅旁的疏影、石边的怪影、树下花下的碎影，以及水中的倒影都是虚与实的结合、意与境的统一。而诸影中最富诗情画意的首推粉壁影和水中倒影。

①粉壁影。作为分割空间的粉墙，本身无景也无境。但作为竹石花木的背景，在自然光线的作用下，无景的墙便现出妙境。墙前花木摇曳，墙上落影斑驳。此时墙已非墙，纸也；影也非影，画也。随着日月的东升西落，这幅天然图画还会呈现出大小、正斜、疏密等不同形态的变化，给人以清新典雅的美感。

②水中倒影。水中倒影在园林中更为多见。倒影比实景更具空灵之美，如"水底有明月，水上明月浮，水流月不去，月去水还流"。宋代大词人辛弃疾《生查子·独游雨岩》一词云："溪边照影行，天在清溪底。天上有行云，人在行云里。"这些诗句都说明水中倒影给游人增添无穷的意趣。从园林造景和游人欣赏心理来看，倒影较之壁影更有其迷人之处。倒影丰富了景物层次，呈现出反向的重复美。

重复作为一种艺术手法，被广泛运用于各类艺术形式中，但倒影的重复却不是顺序的横向重复，它是以水平面为中轴线的岸上景物的反向重复，能使游人产生一种新奇感。江南园林面积一般不大，为求得小中见大的效果，亭台廊榭多沿水而建，倒影入水顿觉深邃无穷。再衬以蓝天白云、红花绿草、朗日明月，影中景致更是美妙无比。"形美以感目，意美以感心"，这是鲁迅先生论述中国文字三美中的两个方面。园林虚景中的影，则集这二美于一身。

2. 色彩

随光而来的色彩是丰富园林空间艺术的精粹。色彩作用于人的视觉，引起人们的联想尤为丰富。利用建筑色彩来点染环境，突出主题；利用植物色彩渲染空间气氛，烘托主题。这在中国园林中是最常用的手法。有的淡雅幽静、清馨和谐，有的则富丽堂皇、宏伟壮观，都极大地丰富了意境空间。承德避暑山庄中的"金莲映日"一景，在大殿前植金莲万株，枝叶高挺，花径二寸余，阳光漫洒，似黄金布地。康熙题诗云："正色山川秀，金莲出五台。塞北无梅竹，炎天映日开。"可见当年金莲盛开时的色彩，所呈现的景色气氛使诗人诗情焕发。

3. 声响

声在园林中是形成感觉空间的因素之一，它能引起人们的想象，是激发诗情的重要媒介。在我国古典园林中，以赏声为景物主题者为数不少。诸如鸟语虫鸣、风呼雨啸、钟声琴韵等，以声夺人，使人的感情与之共鸣，产生意境。例如，《园冶》中"鹤声送来枕上""夜雨芭蕉，似鲛人之泣泪""静扰一榻琴书，动涵半轮秋水"等描写，都极富意境。古园中以赏声为题的有惠州西湖的"丰湖渔唱"、杭州西湖的"南屏晚钟"和"柳浪闻莺"、苏州留园的"留听阁"、承德避暑山庄的"万壑松风"、扬州瘦西湖的"石壁流淙"及无锡寄畅园的"八音涧"等，这些景名不但取景贴切，意境内涵也很深邃。

利用水声是创造意境最常用的手法，如北京中南海的"流水音"，由一座亭子、泉水及假山石构成，亭子建于水中，由于亭子的地面有一个九曲沟槽，水从沟中流过，叮咚有声而得名。在这一个不大的、由假山环抱的小空间中，由于流水潺潺，使人顿觉亲切和宁静。无锡寄畅园内的八音涧，将流水的音响比喻成金、石、土、革、丝、木、匏、竹八类乐器合奏的优美乐谱。北京颐和园的谐趣园设有响水口，使这一组古朴典雅的庭园空间更为高雅幽静。北京圆明园的"日天琳宇"有响水口，水流自西北而东南，流水的声音竟成为宫廷的音乐，给园林空间增添了情趣。

利用水声反衬出环境的幽静。唐朝王维"竹露滴清响"的诗句，静得连竹叶上的露珠、滴入水中的声音都能听见，体现出幽静意境。仅仅用一滴水声，便能把人引入诗一般的境界。溪流泻涧给人一种轻松愉快的感觉，飞流喷瀑给人以热烈奔腾的激情。此外，还可以利用风声、树叶声来创造空间意境。万壑松风是古代山水画的题材，常用来描写深山幽谷和苍劲古拙的松树。承德避暑山庄的"万壑松风"一景就是按这个意境来创造的。在山坡一角设一建筑，在其周围遍植松树，每当微风吹拂，松涛声飒飒在耳，使人们的空间感得到升华。

4. 香气

香气作用于人的感官虽不如光、色彩和声那么强烈，但同样能诱发人们的精神，使人振奋，产生快感。因而香气亦是激发诗情的媒介，形成意境的因素。例如，兰香气可浴，有诗赞曰："瓜子小叶亦清雅，满树又开米状花，芳香浓郁谁能比，迎来远客泡香茶。"含笑"花开不张口，含笑又低头，拟似玉人笑，深情暗自流"。桂花"香风吹不断，冷霜听无声。扑面心先醉，当头月更明。"郭沫若曾赞道："桂蕊飘香，美哉乐土，湖光增色，换了人间。"

香花种类很多，有许多景点因花香而得名。例如，苏州拙政园的远香堂，南临荷池，每当夏日，荷风扑面，清香满堂，可以体会到周敦颐《爱莲说》"香远益清"的意境。网师园中的小山丛桂轩、留园的闻木樨香轩都因遍栽桂花而得名，开花时节，香气袭人，意境十分高雅。杭州的满觉陇，秋桂飘香，游客云集，专来此赏桂。广州兰圃，兰蕙同馨，兰花盛开时，一时名贵五羊城。无锡梅园遍植梅花，梅花盛开时构成"香雪海"，从远方专程来赏梅者络绎不绝。古往今来咏梅诗也是最多的。

5. 气象因子

气象因子是产生深广意境的重要因素。由气象因子造就的意境在诗词中得到了广泛的反映，如描写乐山乌龙寺的"云影波光天上下，松涛竹韵水中央";描写苏州怡园的"台榭参差金碧里,烟霞舒卷画图中";描写南昌百花洲的"枫叶荻花秋瑟瑟,闲云淡影日悠悠";描写上海豫园明楼的"楼高但任云飞过,池小能将月送来";描写苏州沧浪亭的"清风明月本无价,近水远山皆有情";描写杭州西湖的"水光潋滟晴方好,山色空蒙雨亦奇。欲把西湖比西子,淡妆浓抹总相宜。"

同一景物在不同的气候条件下,也会千姿百态、风采各异,如"春水澹冶而如笑,夏山苍翠而欲滴,秋山明净而如妆,冬山惨淡而如睡"。同为夕照,有春山晚照、雨霁晚照、雪残晚照和炎夏晚照等,上述各种晚照让人产生的感情是不一样的。

中国人爱在山水中设置空亭一座。戴醇士曰:"群山郁苍,群木荟蔚,宁亭翼然,吐纳云气。"一座空亭,竟成为山川灵气动荡吐纳的交点和山川精神聚积的处所。张宣题倪云林画《溪亭山色图》云:"石滑岩前雨,泉香树梢风。江山无限景,都聚一亭中。"柳宗元的二兄在马退山建造了一座茅亭,屹立于苍莽大山,耸立云际,溪流倾注而下,气象恢宏。承德避暑山庄"南山积雪"一景,仅在山庄南部山巅上建一亭,称为南山积雪亭,是欣赏雪景的最佳处。

扬州瘦西湖的四桥烟雨楼是当年乾隆下江南时欣赏雨景的佳处。在细雨蒙蒙中遥望远处姿态各异的四座桥,令人神往,故有"烟雨楼台山外寺,画图城郭水中天"的意境。

综上所述,诱发意境空间的因素有很多,诸如景物的组织、形态、光影、色彩、音响、质感、气象因子等都会让同一个空间给人带来不同的感受。这些形成意境空间的因素很难用简单明确的方式来确定,因为在具有感情色彩的空间中,一加一并不等于二。只能通过对比把一种隐蔽的特性强调出来,引起人某种想象和联想,使自然的物质空间派生出生动的、有生气的意境空间。人们依靠文明和形象思维的艺术处理,能动地创造出园林意境。

三、园林意境的创造手法

（一）情景交融的构思

园林中的景物是传递和交流思想感情的媒介，一切景语皆情语。情以物兴、情以物迁，只有在情景交融的时刻，才能产生深远的意境。

情景交融的构思和寓意，运用设计者的想象力去表达景物的内涵，使园林空间由物质空间升华为感觉空间。同诗词、绘画、音乐一样，给观赏者留下了一个自由想象、回味无穷的广阔天地，使民族文化得到比诗画更为深刻的身临其境的体验。

不过情景交融的构思与寓意，通过塑造园林景物和创造意境空间，交流人的思想感情有时代、阶级和民族的差异。古典园林中，意境最深也只是属于过去的，虽然遗存下来，但并不完全被现代人理解和接受。

园林中的假山是中国园林的特点，但真正堆得好的假山并不多见。例如，白居易《太湖石记》中所述："今丞相奇章公嗜石……与石为伍，石有族聚，太湖为甲。"无非是其状如虬如凤、如鬼如兽之类。这种拘泥于"瘦、透、漏、皱"的外形，玩山石于兽怪、娇态的情调，同今天人们热爱祖国壮丽山河的情感不能同日而语。上海龙华公园的"红岩"假山和广州白云宾馆的石景都巍然挺拔、气势磅礴，毫无矫揉造作之意，且有刚毅不屈之感。同是用石，其构思寓意具有强烈的时代感。广州东方宾馆的"故乡水"使海内外游子感到分外亲切，此景、此意、此情更为浓郁。

中国古典园林对园林意境的创造及情景交融的构思可谓出神入化，如扬州个园和苏州耦园。

1. 扬州个园

扬州个园的四季假山出自大画师石涛之手。他在一个小小的庭院空间里布置以千山万壑、深溪池沼等形式为主体的写意境域，表达"春山淡冶而如笑,夏山苍翠而欲滴,秋山明净而如妆,冬山惨淡而如睡"的诗情画意。以石斗奇,结构严密,气势贯通,可谓别出心裁、标新立异。

四季假山是该园的特色,表达了园主的构思寓意。

春石低而回,散点在疏竹之间,有雨后春笋、万物复苏的意趣,也有翠竹凌霄、石笋埋云、粉墙为纸、天然图画之感。

夏石凝而密,漂浮于曲池之上,有夏云奇峰、气象瞬变的寓意,也有湖石停云、水帝洞府、绿树浓荫、消暑最宜之感。

秋石明而挺,伫立于塘畔亭侧,有荷销翠残、霜叶红花的意境,也有黄石堆山、夕阳吐艳、长廊飞渡、转为秋色之感。

冬石柔而团,盘萦于墙脚树下,有雪压冬岭、孤芳自赏的含义,亦有北风怒号、狮舞瑞雪、通过圆窗探问春色之感。

在一个小小的庭园空间里,景与情交融在一起,可谓"遵四时以叹逝,瞻万物而思纷"的真实写照。再观其用色,春石翠、夏石青、秋石红、冬石白,用石色衬托景物的寓意,渲染空间气氛,给人以极深的感受。

2. 苏州耦园

苏州耦园也是典型的情景交融的例子。耦园的主人沈秉成本是清末安徽的巡抚,丢官以后,夫妇双双到苏州隐居。他出身贫寒,父亲靠织帘为生,这个耦园是他请一位姓顾的画家共同设计建造的。耦园的典型意境在于夫妻真挚诚笃的感情。

在西园有藏书楼和织帘老屋,织帘老屋四周有象征群山环抱的叠石和假山,这个造景为人们展示了他们夫妇在山林老屋一起继承父业织帘劳动和读书明志的园林艺术境界。在东花园部分,园林空间较大,其主体建筑北屋为城曲草堂,这个造景为人们展示出这对夫妇不慕城市华堂锦幄而自甘于城边草堂白幄的清苦生活。

每当皓月当空、晨曦和夕照,人们可以在小虹轩曲桥上看到他们夫妇双双在双照楼倒影入池、形影相怜的图画。楼下有一跨水建筑,名为"枕波双隐",又为人们叙述了夫妇双栖于川流不息的流水之上,枕清流以赋诗的情景。

东园东南角上,临护城河还有一座听橹楼。这又告诉人们,他们夫妇双双在楼上聆听那护城河上船夫摇橹和打桨的声音。

在耦园中央有一湾溪流,四面假山环抱,中央架设曲桥,南端有一水榭,名山水洞,出自欧阳修"醉翁之意不在酒,在乎山水之间也"。东侧山上建有吾爱亭,这又告诉我们,他们夫妇在园中涉水登山,互为知音,共赋"高山流水"之曲于山水之间,又在吾爱亭中唱和陶渊明的"众鸟欣有托,吾亦爱吾庐。既耕亦已种,时还读我书"的抒情诗篇。耦园就是用高度艺术概括和浪漫主义手法,抒写了这对夫妇情真意切的感情和高尚情操的艺术意境,其设计达到了情景交融。

(二)园林意境的创造

园林意境的创造可以对已有的园景加以整理,也可以通过人工布置的景物创造出来。具体的手法主要是增加感官欣赏种类,加强气象景观利用,发挥景物的象征、模拟作用,努力创造与有关艺术结合的园林艺术综合体。

园林艺术是所有艺术中最复杂的艺术,处理得不好则杂乱无章,更无意境可言。清代画家郑板桥有两句脍炙人口的诗:"删繁就简三秋树,领异标新二月花",这一"简"、一"新"对于我们处理园林构图的整体美和创造新的意境有所启迪。园林景物要求高度概括及抽象,以精当洗练的形象表达其艺术能力。因为越是简练和概括,给予人的可思空间越广,表达的弹性就越大,艺术的魅力就越强,亦即寓复杂于简单、寓烦琐于简洁之中,与诗词及绘画一样,有"意则期多,字则期少"的意念,所显露出来的是超凡脱俗的风韵。

1. 简

"简"就是大胆的留白。中国画、中国戏曲都讲究空白,"计白当黑",

使画面主要部分更为突出。客观事物对艺术来讲只能是素材,按艺术要求可以随意剪裁。齐白石画虾,一笔水纹都不画,却有极真实的水感,虾在水中游动,栩栩如生。白居易《琵琶行》中有一句:"此时无声胜有声"。空白、无声都是含蓄的表现方法,亦即留给欣赏者以想象的余地。艺术应是炉火纯青的,画画要达到增不得一笔也减不得一笔的效果,演戏的动作也要做到举手投足皆有意,要做到这一点,就必须做到取舍。

2. 夸张

艺术强调典型性,典型的目的在于表现,为了突出典型就必须夸张,才能给观众在感情上以最大满足。夸张是以真实为基础的,只有真实的夸张才有感人的魅力。毛泽东描写山高"离天三尺三",就是艺术夸张。艺术要求抓住对象的本质特征,充分表现。

3. 构图

我国园林有一套独特的布局及空间构图方法,根据自然本质的要求"经营位置"。为了布局妥帖,使构图具有艺术表现力和感染力,就要灵活掌握园林艺术的各种表现技巧。不要把自己作为表现对象的奴隶,完全成为一个自然主义者,造其所见和所知的,而是造由所见和所知转化为所想的,亦即将所见、所知的景物经过大脑思维变为更美、更好、更动人的景物,使有限的空间产生无限之感。

艺术的尺度和生活的尺度并不一样。一个舞台,要表现人生未免太小,但只要把生活内容加以剪裁,重新组织,小小的舞台也就能容纳相应的内容了。在电影里、舞台上,几幕、几个片段就能体现出来,而使人铭记难忘。所谓"纸短情长""言简意赅",园林艺术也是这样,以最简练的手法,组织好空间和空间的景观特征,景观特征的魅力和动人心弦的空间便是意境空间。

有了意境还要有意匠,为了传达思想感情,就要有相应的表现方法和技巧,这种表现方法和技巧统称为意匠。有了意境而没有意匠,意境无从表达。因此一定要苦心经营意匠，这样才能找到打动人心的艺术语言，更充分地用自己的思想感情感染别人。

综上所述，中国园林设计特别强调意境的产生，这样才能达到情景交融的理想境地。所以说，中国园林不是建筑、山水与植物的简单组合，而是富有生命的情的艺术，是诗画和音乐的空间构图，是变化的、发展的艺术。

第二章　风景园林设计的基本原理

第一节　风景园林规划设计的依据与原则

一、风景园林规划设计的依据

（一）科学依据

在风景园林规划设计过程中，要依据有关工程项目的科学原理和技术要求进行，如在设计时要结合原地形进行风景园林地形和水体的设计。设计者必须对目标地段的水文、地质、地貌、地下水位、北方的冰冻线深度、土壤状况等资料进行详细了解。如果没有翔实的资料，务必补充勘察后的有关资料。可靠的科学依据为地形改造、水体设计等提供理论支撑，可有效避免发生水体漏水、土方塌陷等工程事故。

在风景园林规划设计过程中，园林植物的种植设计也要根据植物的生长要求、生物学特性进行；要根据不同植物的喜阳、耐阴、耐旱、怕涝等生态习性进行配植。一旦违反植物生长的科学规律，必将导致种植设计的失败。风景园林建筑、工程设施，更有严格的规范要求，必须严格依据相关科学原理进行。风景园林规划设计关系到科学技术方面的很多问题，有水利、土方工程技术方面的，有建筑科学技术方面的，有园林植物方面的，甚至还有动物方面的生物科学问题。因此，科学依据是风景园林规划设计的基础和前提。

（二）社会需要

风景园林属于上层建筑范畴，它要反映社会的意识形态，为广大人民群众的精神文明与物质文明建设服务。风景园林是人们休憩娱乐、开展社交活动及进行文化交流等精神文明活动的重要场所。因此，风景园林在规划设计时要考虑广大人民群众的心理和审美需求，了解他们对风景园林开展活动的要求，营造出能满足不同年龄、不同兴趣爱好、不同文化层次游人需求的空间环境。

（三）功能要求

风景园林规划设计者要根据广大人民群众的审美要求、活动规律、功能要求等方面的内容，创造出景色优美、环境卫生、情趣健康、舒适方便的园林空间境域和环境优良的人居环境，满足游人的游览、休息和开展健身娱乐活动的功能要求。园林空间应当富于诗情画意，处处茂林修竹、绿草如茵、繁花似锦、山清水秀、鸟语花香，令游人流连忘返。不同的功能分区，选用不同的设计手法，如儿童区，要求交通便捷，一般要靠近主要出入口，并要结合儿童的心理特点。该区的园林建筑造型要新颖，色彩要鲜艳，空间要开阔，营造充满生机、活力和欢快的景观气氛。

（四）经济条件

经济条件是风景园林规划设计的重要依据。经济是基础，同样一处风景园林绿地，甚至同样一个设计方案，由于采用不同的建筑材料、不同规格的苗木、不同的施工标准，就需要不同的建设投资。设计者应当在有限的投资条件下，充分发挥设计技能，节省开支，以创作出最理想的作品。

综上所述，优秀的风景园林设计作品，必须做到科学性、艺术性和经济条件、社会需求紧密结合、相互协调、全面运筹，争取达到最佳的社会效益、环境效益和经济效益。

二、风景园林规划设计必须遵循的原则

（一）"适用、经济、美观"原则

"适用、经济、美观"是风景园林规划设计必须遵循的原则。

有较强的综合性是风景园林规划设计的特点，因此要求做到适用、经济、美观三者之间的辩证统一。三者之间的关系是相互依存、不可分割的。同任何事物的发展规律一样，三者之间的关系在不同的情况下，根据不同性质、不同类型、不同环境的差异，彼此之间要有所侧重。

一般情况下，风景园林规划设计首先要考虑"适用"的问题。所谓"适用"就是园林绿地的功能适用于服务对象。但也要考虑因地制宜，具体问题具体分析。例如，颐和园原先的瓮山和瓮湖已具备山、水的骨架，经过地形改造，仿照杭州西湖，建成了以万寿山、昆明湖为山水骨架，以佛香阁作为全园构图中心，主景突出而明显的自然式山水园。而圆明园，原先是丹凌沜地貌，自然喷泉遍布，河流纵横。根据圆明园的原地形，建成了平面构图上以福海为中心的集锦式的自然山水园。由于因地制宜，适合原地形的状况，从而创造出了独具特色的园林景观。

在考虑是否"适用"的前提下，还要考虑"经济"问题。实际上，正确的选址，因地制宜，巧于因借，本身就减少了大量投资，也解决了部分经济问题。经济问题的实质，就是如何做到"事半功倍"，尽量在少投资的情况下收获更高的成效。当然风景园林建设要根据风景园林性质建设需要确定投资。

在"适用、经济"的前提下，尽可能地做到"美观"，即满足园林布局、造景的艺术要求。在某些特定条件下，美观要求处于最重要的地位。实质上，美感本身就是"适用"，也就是它的观赏价值。风景园林中的孤植假山、雕塑作品等起到装饰、美化环境的作用，营造出感人的精神文明的氛围，这就是一种独特的"适用"价值。

在风景园林规划设计过程中,"适用、经济、美观"三者是紧密联系、不可分割的整体。单纯地追求"适用、经济",而不考虑风景园林艺术的美感,就会降低风景园林的艺术水准,失去吸引力,不被广大群众接受;如果单纯地追求"美观",不全面考虑"适用"问题或"经济"问题,就可能产生某种偏差或缺乏经济基础而导致设计方案不能实施。所以,风景园林规划设计工作必须在"适用"和"经济"的前提下,尽可能地做到"美观",美观必须与"适用、经济"协调起来,统一考虑,最终才能创造出理想的风景园林规划设计作品。

(二)生态性原则

生态性原则是指风景园林规划设计必须建立在尊重自然、保护自然、恢复自然的基础上。要运用生态学的观点和生态策略进行风景园林规划布局,使风景园林绿地在生态上合理、构图上符合要求。

风景园林不仅仅要考虑"适用、经济、美观",还必须考虑将风景园林建设成为具有良好生态效益的环境。风景园林绿地具有很强的净化功能,对改善城市生态环境起着至关重要的作用。所以风景园林规划设计应以生态学的原理为依据,以达到融游赏娱乐于良好的生态环境之中的目的。在风景园林建设中,应以植物造景为主,在生态原则和植物群落多样性原则的指导下,注意选择色彩、形态、风韵、季相变化等方面有特色的树种进行种植设计,使景观与生态环境融于一体或以风景园林反映生态主题,使风景园林既能发挥生态效益,又能实现风景园林绿地的美化功能。植物造景时应以乡土树种为主、外来树种为辅,以体现自然界生物多样性为主要目标,构建乔木、灌木、草、藤复层植物群落,使各种植物各得其所,以取得最大的生态效益。

（三）以人为本原则

以人为本原则是指风景园林的服务对象是人，在进行规划设计时要处处体现以人为中心的宗旨。风景园林绿地是城市中具有自净能力及自动调节能力的城市重要基础设施，具有吸收有害气体、维持碳氧平衡、杀菌保健等生态功能，被称为"城市之肺"；它是城市生态系统中唯一执行自然"纳污吐新"负反馈机制的子系统，在保护和恢复绿色环境、改善城市生态环境质量、为人们提供舒适美观的生存环境方面起着至关重要的作用。因此，风景园林规划设计要遵循以人为本的原则，以创建宜居的生活环境为宗旨。

另外，以人为本的风景园林规划设计即人性化规划设计。人性化设计是以人为中心、注重提升人的价值、尊重人的自然需要和社会需要的动态设计哲学。站在"以人为本"的角度上，在风景园林规划设计过程中要始终把人的各种需求作为中心和尺度，分析人的心理和活动规律，满足人的生理需求、交往需求、安全需求和自我实现价值的需求，按照人的活动规律统筹安排交通、用地和设施，充分考虑城市人口密集、流动量大、活动方式一致性高和流动的方向性、时间性强的特点，依据人体工程学的原理去设计、建设各种内外环境以及选择各种所需材料，致力于将规划设计的场地建设成为一个舒适的区域，杜绝非人性化的空间要素。合理安排无障碍设施，满足不同层次的人类群体的需要，达到人与物的和谐。

第二节　风景园林景观的构图原理

一、风景园林景观构图的含义、特点和基本要求

（一）风景园林景观构图的含义

构图是造型艺术的术语，艺术家为了表现作品的主题思想和美观效果，在一定的空间，安排人物的关系和位置，把个别或局部的形象组成艺术的整体。所谓构图，即组合、联想和布局的意思。风景园林景观构图是在工程、技术、经济可能的条件下，组合风景园林物质要素（包括材料、空间、时间），是指联系周围环境，并使其协调，取得风景园林景观绿地形式美与内容高度统一的创作技法，也就是规划布局。风景园林景观绿地的内容，包括性质、时间、空间，是构图的物质基础。

如何把风景园林景观素材的组合关系处理恰当，使之在长期内呈现完美与和谐、主次分明的布局，从而有利于充分发挥风景园林的最大综合效益，是风景园林景观构图所要解决的问题。在工程技术上要符合"适用、经济、美观"的原则，在艺术上除了运用造景的各种手法外，还应考虑诸如统一与变化、比例与尺度、均衡与稳定等造型艺术的多样统一规律的运用。

（二）风景园林景观构图的特点

1. 风景园林是一种立体空间艺术

风景园林景观构图是以自然美为特征对空间环境的规划设计，绝不是单纯的平面构图和立面构图。因此，风景园林景观构图要善于利用地形地貌、自然山水、园林植物，并以室外空间为主与室内空间互相渗透的环境创造景观。

2.风景园林景观的构图是综合的造型艺术

园林美是自然美、生活美、建筑美、绘画美、文学美的综合。它以自然美为特征，有了自然美，风景园林绿地才有生命力。风景园林景观空间的形式与内容、审美与功能、科学与技术、自然美与艺术美以及生活美、意境美等在艺术构图中要充分地体现出来。因此，风景园林绿地常借助各种造型艺术加强其艺术表现力。

3.风景园林景观构图受时间变化影响

风景园林景观构图的要素，如园林植物、山水等都随时间、季节而变化，春、夏、秋、冬园林植物景色各异，园林山水变化无穷。

4.风景园林景观构图受地区自然条件的制约性强

不同地区的自然条件，如日照、气温、湿度、土壤等各不相同，其自然景观也不相同，风景园林景观绿地只能因地制宜，随势造景，景因境出。

5.风景园林景观构图的整体性和可分割性

任何艺术构图都是统一的整体，风景园林景观构图也是如此。构图中的每一个局部与整体都具有相互依存、相互烘托、互相呼应、互相陪衬以及相得益彰的关系。例如，北京颐和园中万寿山、昆明湖、谐趣园及苏州河之间的相互关系。不过风景园林景观构图中整体与局部之间的关系不同于其他造型艺术，具有可分割性的关系。风景园林景观构图的整体与局部之间的关系表现为，一是主从关系，局部必须服从整体；二是整体与局部之间保持相对独立，如颐和园中的万寿山，山前区与山后区的景观和环境气氛截然不同，都可独立存在，自成体系，因而是可分割的。

（三）风景园林景观构图的基本要求

（1）风景园林景观构图应先确定主题思想，即意在笔先。风景园林的主题思想是风景园林景观构图的关键，根据不同的主题，可以设计出不同特色的风景园林景观。园景主题和风景园林规划设计的内容密切相关，主题集中地、具体地表现出内容的思想性和功能上的特性，高度的思想性和服务于人民的功能特性是主题深刻动人的重要因素。风景园林景观构图还必须与园林绿地的实用功能相统一，要根据园林绿地的性质、功能用途确定其设施与形式。

（2）风景园林景观要根据工程技术、生物学要求和经济上的可能性构图。

（3）风景园林景观要有自己独特的风格。每一个风景园林绿地景观，都要有自己的独到之处，有鲜明的创作特色，有鲜明的个性，即园林风格。中国园林的风格主要体现在园林意境的创作、园林材料的选择和园林艺术的造型上。园林的主题不同、时代不同、选用的材料不同，园林风格也不相同。

（4）风景园林景观按照功能进行分区，各区要各得其所，景色分区中各有特色，化整为零，园中有园，互相提携又要多样统一，既分隔又联系，避免杂乱无章。

（5）各园都要有特点、有主题、有主景，要主次分明、主题突出，避免喧宾夺主。

（6）诗情画意是我国园林艺术的特点之一。诗和画，把现实园林风景中的自然美提炼为艺术美，上升为诗情画意。风景园林造景要把诗情画意搬回到现实中来。实质上就是把我们规划的现实风景提高到诗和画的境界。这种现实的园林风景可以产生新的诗和画，使能见景生情，也就有了诗情画意。

二、风景园林景观构图的基本规律

（一）统一与变化

任何完美的艺术作品都有若干不同的组成部分。各组成部分之间既有区别，又有内在联系，通过一定的规律组成一个完整的整体。各部分的区别和多样是艺术表现的变化，各部分的内在联系和整体是艺术表现的统一。有多样变化，又有整体统一，还是所有艺术作品表现形式的基本原则。同其他艺术作品一样，风景园林景观也是统一与变化的有机体。风景园林构图的统一与变化，常具体表现在对比与调和、韵律与节奏、主从与重点、联系与分隔等方面。

1. 对比与调和

对比与调和是艺术构图的一个重要手法，它是运用布局中的某一因素（如体量、色彩等）两种程度不同的差异，取得不同艺术效果的表现形式，或者说是利用人的错觉来互相衬托的表现手法。差异程度显著的表现称为对比，能彼此对照、互相衬托，更加鲜明地突出各自的特点；差异程度较小的表现称为调和，使彼此和谐、互相联系，产生完整的效果。风景园林景观构图要在对比中求调和，在调和中求对比，使景观既丰富多彩、生动活泼，又突出主题，风格协调。对比与调和只存在于同一性质的差异之间，如体量的大小，空间的开敞与封闭，线条的曲直，颜色的冷暖、明暗，材料质感的粗糙与光滑等，而不同性质的差异之间不存在调和与对比，如体量大小与颜色冷暖就不能比较。

调和手法被广泛应用于建筑、绘画、装潢的色彩构图中，采取某一色调的冷色或暖色，用以表现某种特定的情调和气氛。调和手法在风景园林中的应用主要通过构景要素中的地形地貌、水体、园林建筑和园林植物等的风格和色调来实现。尤其是园林植物，尽管各种植物在形态、体量以及色泽上千差万别，但从总体上看，它们之间的共性多于差异性，在绿色这个基调上得到了统一。总之，凡用调和手法取得统一的构图，易达到含蓄与幽雅的美。

美国造园家们认为城市公园里不宜使用对比手法，和谐统一的环境比起对比强烈的景物更为安静。对比在造型艺术构图中是把两个完全对立的事物做比较。凡把两个相反的事物组合在一起的关系称为对比关系。对比可以使对立着的双方达到相辅相成、相得益彰的艺术效果，这便达到了构图上的统一与变化。

对比是造型艺术构图中最基本的手法，事物的长宽、高低、大小、形象、方向、光影、明暗、冷暖、虚实、疏密、动静、曲直、刚柔等量感和质感，都是从对比中得来的。对比的手法很多，在空间程序安排上有欲扬先抑、欲高先低、欲大先小、以暗求明、以素求艳等。现就静态构图中的对比分述如下。

（1）形状的对比。风景园林布局中构成风景园林景物的线、面、体和空间常具有各种不同的形状，在布局中只采用一种或类似的形状时易取得协调统一的效果。例如，在圆形的广场中央布置圆形的花坛，因形状一致而显得协调。若采用差异显著的形状做对比，可突出变化效果，如在方形广场中央布置圆形花坛或在建筑庭院布置自然式花台。在园林景物中应用形状的对比与调和常常是多方面的，如建筑广场与植物之间的布置，建筑与广场在平面上多采取调和的手法，而与植物尤其与树木之间多运用对比的手法，以树木的自然曲线与建筑广场的直线对比来丰富立面景观。不同的植物形态也形成了鲜明的对比。

（2）体量的对比。在风景园林布局中常常用若干较小体量的物体来衬托一个较大体量的物体，以突出主体，强调重点。例如，颐和园佛香阁周围的廊规格小，显得佛香阁更高大、更突出。另外，颐和园后湖北面的山比较平，在这个山上建有一个比一般的庙体量小很多的小庙，从万寿山望去，庙小显得山远，山远从而使后山低矮的感觉减弱。

（3）方向的对比。在风景园林的体形、空间和立面的处理中，常常运用垂直和水平方向的对比以丰富园林景物的形象，如常把山水互相配合在一起，使垂直方向上高耸的山体与横向平阔的水面互相衬托，避免了只有山或只有水的单调；在开阔的水边矗立的挺拔高塔，产生明显的方向对比，体现了空间的深远、开阔。

园林布局中还常利用忽而横向、忽而纵向、忽而深远、忽而开阔的手法，造成方向上的对比，以增强空间方向上的变化效果，如孤植树与横向开阔草坪的方向对比。

（4）开闭的对比。在空间处理上，开敞的空间与闭锁空间也可形成对比。在园林绿地中利用空间的收放开合，形成敞开与聚景的对比，开敞空间景物在视平线以下可见。开朗风景与闭锁风景两者共存于同一园林中，相互对比，彼此烘托，视线忽远忽近、忽放忽收。自闭锁空间窥视开敞空间，可增加空间的对比感、层次感，达到引人入胜的效果。

颐和园中苏州河的河道由东向西，随万寿山后山山脚曲折蜿蜒，河道时窄时宽，两岸古树参天，空间开合，收放自如，交替向前，通向昆明湖。开者，空间宽敞明朗；合者，空间幽静深邃。在前后空间大小对比中，景观效果由于对比而彼此得到加强。最后到达昆明湖，则更能感受到空间的宏大，宽阔的湖面、浩渺水波，使游赏者的情绪由最初的沉静转为兴奋—再沉静—再兴奋。这种对比手法在园林空间的处理上是变化无穷的。

（5）疏密的对比。疏密对比在风景园林构图中比比皆是，如群林的林缘变化是由疏到密和由密到疏与疏密相间，给景观增加韵律感。《画论》中提到"宽处可容走马，密处难以藏针"，故颐和园中有烟波浩渺的昆明湖，也有林木葱郁、建筑密集的万寿山，形成了强烈的疏密对比。

（6）明暗的对比。由于光线的强弱，造成景物、环境的明暗对比，环境的明暗可以带给人不同的感觉。明，给人以开朗、活泼的感觉；暗，给人以幽静、柔和的感觉。在风景园林绿地中，一般布置明朗的广场空地供游人活动，布置幽暗的疏林、密林供游人散步休息。通常来说，明暗对比强的景物令人有轻快振奋的感觉，明暗对比弱的景物可以给人柔和沉郁的感觉。在密林中留块空地，叫林间隙地，是典型的明暗对比，如同在较暗的屋中开个天窗。

（7）曲直的对比。线条是构成景物的基本因素。线条的基本类型包括直线和曲线，人们从自然界中发现了各种线形并赋予其性格特征，直线表示静，曲线表示动；直线有力度，具稳定感；曲线具有丰满、柔和、优雅、细腻之感。线条是造园的语言，它可以表现起伏的地形线、曲折的道路线、婉转的河岸线、美丽的桥拱线、丰富的林冠线、严整的广场线、挺拔的峭壁线、丰富的屋面线等。在风景园林规划设计中曲线与直线经常会同时对比出现。

风景园林中的直与曲是相对的，曲中寓直，直中寓曲，关键在于灵活应用，曲直自如。比如上海豫园，从仰山堂到黄石假山去的园路本是一条直路，但故意做成一条曲廊，寓曲于直，经过四折，步移景换，名曰"渐入佳境"。苏州沧浪亭的复廊、拙政园的水廊、留园的沿墙折廊、扬州何园的楼廊，或随地势高低起伏，或按地形左曲右折，无不曲直相间得宜。此外，扬州小盘谷把云墙和游廊曲折地盘旋至 9m 高的假山之上，山上有廊、有外、有亭，山下有池、有桥、有洞，上下立体交通，山、水、建筑与直、曲的游览路线连成一体，在狭小的空间范围内组成了丰富变幻的景观。

（8）虚实的对比。园林绿地中的虚实常常是指园林中的实墙与空间，密林与疏林、草地，山与水的对比等。在园林布局中做到虚中有实、实中有虚是很重要的。虚给人轻松的感觉，实给人厚重的感觉，若水面中有个小岛，水体是虚，小岛是实，因而形成了虚实对比，能产生统一中有变化的艺术效果。园林中的围墙常做成透花墙或铁栅栏，打破了实墙沉重闭塞的感觉，产生虚实对比效果，隔而不断，求变化于统一，与园林气氛协调。例如，以花篱、景墙分隔空间形成虚实的对比。

虚实的对比，使景物坚实而有力度，空灵而又生动。风景园林十分重视空间布置，处理虚的地方以达到"实中有虚，虚中有实，虚实相生"的目的。例如，圆明园九州"上下天光"，用水面衬托庭院，扩大空间感，以虚代实；再如，苏州怡园面壁亭的镜借法，用镜子把对面的假山和螺髻亭收入镜内，以实代虚，扩大了境界。此外，还有借用粉墙、树影产生虚实相生的景色。

（9）色彩的对比。色彩的对比与调和包括色相和色度的对比与调和。色相的对比是指相对的两个补色产生对比效果，如红与绿、黄与紫；色相的调和是指相邻的色，如红与橙、橙与黄等。颜色的深浅叫色度，黑是深，白是浅，深浅变化即黑到白之间的变化。一种色相中色度的变化是调和的效果。风景园林中色彩的对比与调和是指在色相与色度上，只要差异明显就可产生对比的效果，差异近似就产生调和效果。利用色彩对比关系可引人注目，如"万绿丛中一点红"。风景园林景观中的色彩对比包括园林植物不同颜色的对比、道路与园林绿地颜色的对比及与周围环境的对比等。

（10）质感的对比。在风景园林布局中，常常可以运用不同材料的质地或纹理来丰富园林景物的形象。材料质地是材料本身所具有的结构性质。不同材料质地给人不同的感觉，如粗面的石材、混凝土、粗木、建筑等给人稳重的感觉；而细致光滑的石材、细木和植物等给人轻松的感觉，如草坪与树木形成了质感的对比。

2. 韵律与节奏

韵律与节奏就是指艺术表现中某一因素做有规律的重复、有组织的变化。重复是获得韵律的必要条件，如果只有简单的重复而缺乏有规律的变化，就会令人感到单调、枯燥，而有交替、曲折变化的节奏就显得生动活泼。因此，韵律与节奏是风景园林艺术构图多样统一的重要手法之一。风景园林景观构图中韵律节奏方法很多，常见的有以下几种。

（1）简单韵律。由同种因素等距反复出现的连续构图，如等距的行道树，等高等距的长廊，花架的支柱，等高等宽的登山道、爬山墙等。

（2）交替韵律。由两种以上因素交替等距反复出现的连续构图。行道树用一株桃树一株柳树反复交替栽植，龙爪槐与灌木反复交替种植，景观灯柱与植物交替布置，嵌草铺装或与草地相间的台阶，两种不同花坛的等距交替排列，登山道一段踏步与一段平面交替等。

（3）渐变韵律。渐变的韵律是指园林布局连续重复的组成部分，在某方面做规则的逐渐增加或减少所产生的韵律，如体积的大小、色彩的浓淡、质感的粗细等。渐变韵律也常在各组成分之间有不同程度或繁简上的变化。园林中在山体的处理上、建筑的体型上，经常应用从下而上越变越小，如塔体下大上小、间距下大上小等。

（4）起伏曲折韵律。由一种或几种因素在形象上出现较有规律的起伏曲折变化所产生的韵律。例如，连续布置的山丘、建筑、树木、道路、花境等，可有起伏、曲折变化，并遵循一定的节奏规律，围墙、绿篱也有起伏式的。自然林带的天际线也是一种起伏曲折的韵律。

（5）拟态韵律。既有相同因素又有不同因素反复出现的连续构图。例如，花坛的外形相同，但花坛内种的花草种类、布置形式又各不相同；漏景的窗框一样，漏窗的花饰又各不相同等。

（6）交错韵律。某一因素做有规律的纵横穿插或交错，其变化是按纵横或多个方向进行的，切忌苗圃式的种植。例如，空间一开一合、一明一暗，景色有时鲜艳，有时素雅，有时热闹，有时幽静，如组织得好都可产生节奏感。常见的例子是园路的铺装，用卵石、片石、水泥、板、砖瓦等组成纵横交错的各种花纹图案，连续交替出现，若设计得宜，可引人入胜。在园林布局中，有时一个景物往往有多种韵律节奏方式可以运用，在满足功能要求的前提下，可采用合理的组合形式，创作出理想的园林艺术形象。所以说韵律是园林布局中统一与变化的一个重要方面。

3.主从与重点

（1）主与从。在艺术创造中，一般都应该考虑到一些既有区别又有联系的各个部分之间的主从关系，并且常常把这种关系加以强调，以取得显著的主宾分明、井然有序的艺术效果。园林布局中的主要部分或主体与从属体，一般是由功能使用要求决定的，从平面布局上看，主要部分常成为全园的主要布局中心，次要部分成为次要的布局中心，次要布局中心既有相对独立性，又要从属于主要布局中心，要做到互相联系、互相呼应。

一般缺乏联系的园林各个局部是不存在主从关系的，因而取得主要与从属两个部分之间的内在联系，是处理主从关系的前提，但是相互之间的内在联系只是主从关系的一个方面，而二者之间的差异是更重要的一面。恰当处理二者的差异则可以使主次分明，主体突出。因此在园林布局中，以呼应取得联系和以衬托显出差异，就成为处理主从关系的关键。关于主从关系的处理，大致有下面两种方法。

①组织轴线，安排位置，分清主次。在园林布局中，尤其在规则式园林中，常常运用轴线来安排各个组成部分的相对位置，使各部分之间形成一定的主从关系。一般是把主要部分放在主轴线上，从属部分放在轴线两侧和副轴线上，形成主次分明的局势。在自然式园林中，主要部分常放在全园中心位置，或无形的轴线上，而不一定形成明显的轴线。

②运用对比手法，互相衬托，突出主体。在园林布局中，常用的突出主体的对比手法是体量大小、层次高低。某些园林建筑各部分的体量，由于功能要求关系，往往有高有低、有大有小。在布局上利用这种差异，并加以强调，可以获得主次分明、主体突出的效果。还有一种常见的突出主体的对比手法是形象上的对比。在一定条件下，一个高出的体量、一些曲线、一个比较复杂的轮廓突出的色彩和艺术修饰等，都可以引起人们的注意。

（2）重点与一般。重点处理常用于园林景物的主体和主要部分，以使其更加突出。此外，它也可用于一些非主要部分，以加强其表现力，取得丰富变化的效果。因而重点处理也常是园林布局中有意识地从统一中求变化的手段。

一般选择重点处理的部分和方法，有以下三个方面。

①以重点处理来突出表现园林功能和艺术内容的重要部分，使形式能更有力地表达内容。例如，园林的主要出入口、重要的道路和广场、主要

的园林建筑等常做重点处理，使园林各部分的主次关系直观明了，起到引导人流和视线方向的作用。

②以重点处理来突出园林布局中的关键部分，如对园林景物体量突出部分，主要道路的交叉转折处和结束部分，视线易于停留的焦点等处（包括道路与水面的转弯曲折处、尽头、岛堤山体的突出部分，游人活动集中的广场与建筑附近）加以重点处理，可使园林艺术效果表现得更加鲜明。

③以重点处理打破单调，加强变化或取得一定的装饰效果，如在大片草地、水面和密林部分，可在边缘或地形曲折起伏处做重点处理，或设建筑或配植树丛，在形式上要有对比和较多的艺术修饰，以打破单调枯燥感。选择重点不能过多，以免过于烦琐，反而得不到突出重点的效果。重点处理是园林布局中运用最多的手段，如果运用恰当可以突出主题、丰富变化；不善于运用重点处理，就常常会使布局单调乏味；而不恰当地过多运用，则不仅不能取得重点表现的效果，反而会分散注意力，造成混乱。

4. 联系与分隔

风景园林绿地一般都是由若干功能使用要求不同的空间或者局部组成的，它们之间存在必要的联系与分隔，一个园林建筑的室内与庭院之间也存在联系与分隔的问题。风景园林布局中的联系与分隔是组织不同材料、局部、体形、空间，使它们成为一个完美的整体的手段，也是园林布局中取得统一与变化的手段之一。

风景园林布局的联系与分隔表现在以下两个方面。

（1）园林景物的体形和空间组合的联系与分隔。园林景物的体形和空间组合的联系与分隔，主要取决于功能使用的要求，以及建立在这个基础上的园林艺术布局的要求，为了取得联系的效果，常在有关的园林景物与空间之间安排一定的轴线和对应的关系，形成互为对景，利用园林中的植物、土丘、道路、台阶、挡土墙、水面、栏杆、桥、花架、廊、建筑门、窗等作为联系与分隔的构件。

园林建筑室内外之间的联系与分隔，要根据不同功能要求而定。大部分建筑都要求既分隔又有联系，常运用门、窗、空廊、花篱、花架、水、山石等建筑处理把建筑引入庭院，有时也把室外绿地有意识地引入室内，丰富室内景观。

（2）立面景观上的联系与分隔。立面景观的联系与分隔，也是为了达到立面景观完整的目的。有些园林景物由于使用功能要求不同，形成性格完全不同的部分，容易造成不完整的效果，如在自然的山形下面建造建筑，若不考虑两者之间立面景观上的联系与分隔，往往显得很生硬。有时为了取得一定的艺术效果，可以突出强调分隔或联系。

分隔就是因功能或者艺术要求将整体划分成若干局部，联系却是因功能或艺术要求将若干局部组成一个整体。联系与分隔是求得完美统一的整体风景园林布局的重要手段之一。

上述对比与调和、韵律与节奏、主从与重点、联系与分隔都是园林布局中统一与变化的手段，也是统一与变化在园林布局中各方面的表现。在这些手段中，调和、主从、联系常作为变化中求统一的手段，而对比、重点、分隔则更多地作为统一中求变化的手段。这些统一与变化的各种手段，在园林布局中，常同时存在，相互作用，必须综合运用上述手段，才能取得统一而又变化的效果。

风景园林布局的统一还应具备这样一些条件，即要有风景园林布局各部分处理手法的一致性，如一个园子的建筑材料处理上，有些山附近产石，把石砌成虎皮石，用在驳岸、挡土墙、踏步等方面，但样子可以千变万化；园林各部分表现性格的一致性，如用植物材料表现性格的一致性，墓园在国外常用下垂的（如垂柳、垂枝桦、垂枝雪松等）、攀缘的植物体现哀悼、肃穆的性格，我国的寺庙、纪念性园林常用松柏体现园子的性质，如长沙烈士陵园、雨花台烈士陵园的龙柏及天坛的桧柏、人民英雄纪念碑的油松；

园林风格的一致性，如鉴于我国园林的民族风格，在园林布置时就应注意，中国古典园林中不宜建小洋楼，也不宜种一些国外产的整形式树木。如果缺乏这些方面的一致性，则达不到统一的效果。

（二）均衡与稳定

由于园林景物是由一定的体量和不同材料组成的实体，因而常常表现出不同的重量感，探讨均衡与稳定的原则，是为了获得园林布局的完整和安定感。这里所说的稳定，是就园林布局的整体上下轻重关系而言的。而均衡是指园林布局中的部分与部分的相对关系，如左与右、前与后的轻重关系等。

1. 均衡

自然界静止的物体要遵循力学原则，以平衡的状态存在，不平衡的物体或造景使人产生不稳定和运动的感觉。在园林布局中要求园林景物的体量关系符合人们在日常生活中形成的平衡安定的概念，因此除少数动势造景（如悬崖、峭壁、倾斜古树等）外，一般艺术构图力求均衡。均衡可分为对称均衡与非对称均衡。

（1）对称均衡。对称布局有明确的轴线，在轴线左右完全对称，对称的布局往往是均衡的。对称均衡布置常给人庄重严整的感觉，在规则式的园林绿地中采用较多，如纪念性园林、公共建筑的前庭绿化等，有时在某些园林局部也有所运用。

对称均衡小至行道树的两侧对称及花坛、雕塑、水池的对称布置，大至整个园林绿地建筑、道路的对称布局，但对称均衡布置时，景物常常显得呆板而不亲切，若没有对称功能和工程条件而硬凑对称，往往妨碍功能要求并导致增加投资，故应避免单纯追求所谓"宏伟气魄"的平立面图案的对称处理。

（2）非对称均衡。在园林绿地的布局中，由于受功能、组成部分、地形等复杂条件制约，往往很难也没有必要做到绝对对称形式，在这种情况下常采用非对称均衡的布局。

非对称均衡的布置要综合衡量园林绿地构成要素的虚实、色彩、质感、疏密、线条、体形、数量等给人产生的体量感觉，切忌单纯考虑平面构图。非对称均衡的布置小至树丛、散置山石、自然水池，大至整个园林绿地、风景区的布局，常常给人以轻松、自由、活泼变化的感觉，因此被广泛应用于一般游憩性的自然式园林绿地中。

2. 稳定

自然界的物体，由于受地心引力的作用，为了维持自身的稳定，靠近地面的部分往往大而重，而在上面的部分则小而轻。从这些物理现象中，人们就产生了重心靠下、底面积大可以获得稳定感的概念。园林布局中稳定的概念，是根据园林建筑、山石和园林植物等上下、大小所呈现的轻重感的关系而言的。

在园林布局上，往往在体量上采用下面大、向上逐渐缩小的方法来取得稳定坚固感，我国古典园林中的高层建筑，如颐和园的佛香阁、西安的大雁塔等，都是通过建筑体量上由底部较大而向上逐渐递减缩小，使重心尽可能低，以获得结实稳定感。另外，园林建筑和山石处理上也常利用材料、质地所给人的不同的重量感来获得稳定感。例如，园林建筑的基部墙面多用粗石和深色的表面处理，而上层部分采用较光滑或色彩较浅的材料，在土山带石的土丘上，也往往把山石设置在山麓部分而给人以稳定感。

（三）比拟与联想

艺术创作中常常运用比拟联想的手法来表达一定的内容。风景园林艺术不能直接描写或者刻画生活中的人物与事件的具体形象，因此，比拟联想手法的运用就显得更为重要。人们对于风景园林形象的感受与体会，常常与一定事物的美好形象的联想有关，比拟联想到的东西，比园林本身要深远、广阔、丰富得多，给风景园林增添了无数的情趣。

风景园林景观构图中运用比拟联想的方法，其作用简述如下。

1. 概括祖国名山大川的气质，模拟自然山水风景

在风景园林景观构图中，可以通过概括名山大川，创造"咫尺山林"的意境，使人有"真山真水"的感受，联想到名山大川、天然胜地，若处理得当，使人面对着园林的小山小水产生"一峰则太华千寻，一勺则江湖万里"的联想，这是以人力巧夺天工的"弄假成真"。我国园林在模拟自然山水手法上有独到之处，善于综合运用空间组织、比例尺度、色彩质感、视觉感受等，使一石有一峰的感觉，使散置的山石有平岗山峦的感觉，使池水有不尽之意，犹如国画"意到笔未到"，令人联想无穷。

2. 运用植物的姿态、特性和我国传统，赋予植物拟人化的品格，给人以不同感染，产生比拟和联想

我国历史文明悠久，经过长期的文化传承和沉淀形成了具有独特韵味的古文化，在长期的发展过程中部分植物被赋予了特殊寓意，通过这种寓意来表达特定的文化内涵。部分植物的寓意如下。

松、柏——斗寒傲雪、坚毅挺拔，象征坚强不屈、万古长青的英雄气概；

竹——象征坚韧不拔、节高清雅的风尚；

梅——象征不屈不挠、不畏严寒、纯洁英勇坚贞的品质；

兰——象征居静而芳、高雅不俗的情操；

菊——象征贞烈多姿、不怕风霜的性格；

柳——象征强健灵活、适应环境的优点；

枫——象征不怕艰难困苦、希望与热情；

荷花——象征廉洁朴素、出淤泥而不染；

桃——鲜艳明快，象征和平、理想、幸福；

石榴——果实籽多，象征多子多福；

桂花——芳香高贵，象征胜利夺魁、流芳百世；

迎春——象征欣欣向荣、大地回春；

银杏——象征健康长寿、幸福吉祥；

海棠——因为"棠"与"堂"谐音，海棠花开，象征富贵满堂；

牡丹——富丽堂皇，国色天香，象征富贵吉祥、繁荣昌盛。

这些园林植物，如"松、竹、梅"有"岁寒三友"之称、"梅兰竹菊"有"四君子"之称，常是诗人画家吟诗作画的好题材，在风景园林绿地中适当运用，可增加丰富的文化内涵。在我国古代的园林中经常以植物的寓意来表现主人的性格及品德，充分利用植物的特殊寓意表现出高尚的文化内涵，对营建具有文化气息的园林植物景观、升华生活环境中的精神领域具有重要作用。

3. 运用园林建筑、雕塑造型产生的比拟联想

园林建筑雕塑造型常与历史事件、人物故事、神话小说、动植物形象相联系，能使人产生艺术联想。例如，蘑菇亭、月洞门、水帘洞、天女散花等使人犹入神话世界。雕塑造型在我国现代风景园林中应加以提倡，因为它在联想中的作用特别显著。

4. 遗址访古产生的联想

我国历史悠久，古迹文物很多，存在许多民间传说、典故、神话及革命故事，遗址访古在旅行游览中具有很大的吸引力，内容特别丰富，如北京圆明园、上海豫园的点春堂、杭州的岳坟和灵隐寺、苏州的虎丘、西安附近临潼的华清池等。

5. 风景题名题咏对联匾额、摩崖石刻产生的比拟联想

好的题名题咏不仅对"景"起到画龙点睛的作用，而且含义深、韵味浓、意境高，能使游人产生诗情画意的联想。例如，西湖的"平湖秋月"，每当无风的月夜，水平似镜，秋月倒映湖中，令人联想起"万顷湖面长似镜，四时月好正宜秋"的诗句。

题咏也有运用比拟联想的，如陈毅元帅《游桂林》诗摘句"水作青罗带，山如碧玉簪。洞穴幽且深，处处呈奇观。桂林此三绝，足供一生看。春花

娇且媚，夏洪波更宽。冬雪山如画，秋桂馨而丹。"短短几句把桂林"三绝"和四季景色特点描写得栩栩如生，把实境升华为意境，令人浮想联翩。题名、题咏、题诗确能丰富人们的联想，提高风景园林的艺术效果。

（四）空间组织

空间组织与园林绿地构图关系密切，空间有室内、室外之分，建筑设计多注意室内空间的组织；建筑群与风景园林绿地规划设计则多注意室外空间的组织及室内外空间的渗透过渡。园林绿地空间组织的目的首先是在满足使用功能的基础上，运用各种艺术构图的规律创造既突出主题又富于变化的园林风景；其次是根据人的视觉特性创造良好的景物观赏条件，使一定的景物在一定的空间里获得良好的观赏效果，适当处理观赏点与景物的关系。

1. 视景空间的基本类型

（1）开敞空间与开朗风景。人的视平线高于四周景物的空间是开敞空间，开敞空间中所见到的风景是开朗风景。开敞空间中，视线可延伸到无穷远处，视线平行向前，视觉不易疲劳。开朗风景使人目光宏远，心胸开阔，有壮观豪放之感。古人云"登高壮观天地间，大江茫茫去不还"，正是开敞空间、开朗风景的写照。但开朗风景中如游人视点很低、与地面透视成角很小，则远景模糊不清，有时见到大片单调天空。如提高视点位置，透视成角加大，远景鉴别率也大大提高，视点越高，视界越宽阔，从而促使人产生"欲穷千里目，更上一层楼"的需要。

（2）闭锁空间与闭锁风景。人的视线被四周屏障遮挡的空间是闭锁空间，闭锁空间中所见到的风景是闭锁风景。屏障物之顶部与游人视线所成角度越大，则闭锁性越强；成角越小，则闭锁性也越弱。这也与游人和景物的距离有关：距离越小，闭锁性越强；距离越远，闭锁性越弱。

闭合空间的大小与周围景物高度的比例关系决定它的闭合度，影响风景的艺术价值。一般闭合度在 6°~13°，其艺术价值逐渐上升；当小于 6°或大于 13°时，其艺术价值逐渐下降。闭合空间的直径与周周景物高度的比例关系也能影响风景艺术效果，当空间直径为景物高度的 3~19 倍时，风景的艺术价值逐渐升高，当空间直径与景物高度之比小于 3 或大于 10 时，风景的艺术价值逐渐下降。如果周围树高为 20 m，则空间直径为 60~200 m，如超过 270 m，则目力难以鉴别，这就需要增加层次或分隔空间。闭锁风景，近景感染力强，但久赏易感闭塞，易觉疲劳。

（3）纵深空间与聚景。在狭长的空间中，如道路、河流、山谷两旁有建筑、密林、山丘等景物阻挡视线，这狭长的空间叫纵深空间，视线的注意力很自然地被引导到轴线的端点，这种风景叫聚景。开朗风景，缺乏近景的感染，而远景又因和视线的成角小，距离远，色彩和形象不鲜明。所以风景园林中，如果只有开朗景观，虽然给人以辽阔宏远的情感，但久看觉得单调，因此，要有些闭锁风景近览。但在闭锁的四合空间中，如果四面环抱的土山、树丛或建筑与视线所成的仰角超过 15°，景物距离又很近时，则给人以井底之蛙的闭塞感。所以，风景园林中的空间组织不要片面强调开朗，也不要片面强调闭锁。同一园林中，既要有开朗的局部，也要有闭锁的局部，又要开朗与闭锁综合应用，开中有合、合中有开，两者共存才相得益彰。

（4）静态空间与静态风景。视点固定时观赏景物的空间叫作静态空间，在静态空间中所观赏的风景叫静态风景。在绿地中要布置一些花架、座椅、平台供人们休息和观赏静态风景。

（5）动态空间与动态风景。游人在游览过程中，通过视点移动进行观景的空间叫作动态空间，在动态空间观赏到的连续风景画面叫作动态风景。在动态空间中，游人走动时眼中的景物随之变化，即所谓"步移景异"。为了让动态景观有起点，有高潮，有结束，必须布置相应的距离和空间。

2.空间展示程序

风景视线与导游路线是紧密联系的，要求有戏剧性的安排，音乐般的节奏，既有起景、高潮、结景空间，又有过渡空间，使空间主次分明，开、闭、聚、敞适当，大小尺度相宜。

3.空间的转折

空间的转折有急转与缓转之分，在规则式园林空间中常用急转，如在主轴线与副轴线的交点处。在自然式园林空间中常用缓转，缓转有过渡空间的作用，如在室内外空间之间设有空廊、花架之类的过渡空间。

两空间之分隔有虚分与实分，且相互之间干扰不大，须互通气息者可虚分，如用疏林、空廊、漏窗、水面等。两空间功能不同、动静不同、风格不同宜实分，可用密林、山阜、建筑、实墙来分隔。虚分是缓转，实分是急转。

第三节　景与造景

一、景与景的感受

（一）景的概述

我国园林中，常有"景"的提法，如燕京八景、西湖十景、关中八景、圆明园四十景、承德避暑山庄七十二景等。所谓"景"即风景、景致，是指在风景园林景观中，自然的或经人为创造加工的，并以自然美为特征的一种供游憩欣赏的空间环境。景的形成必须具备两个条件：一是其本身具有可欣赏的内容；二是它所在的位置要便于被人察觉。

这些环境，无论是天然存在的还是人工创造的，多是由于人们按照此景的特征命名、题名、传播，使景色本身具有更深刻的表现力和强烈的感染力而闻名于天下。泰山日出、黄山云海、桂林山水、庐山仙人洞等是自然的景。江南古典园林以及北方的皇家园林都是人工创造的景。至于闻名世界的万里长城，蜿蜒行走在崇山峻岭之上，关山结合，气魄雄伟，兼有自然和人工景色。三者虽有区别，但均以因借自然、效法自然、高于自然的自然美为特征，这是景的共同点。所谓"供作游憩欣赏的空间环境"，是说"景"绝不是引起人们美感的画面，而是具有艺术构思而能入画的空间环境，这种空间环境能供人游憩欣赏，既包括符合风景园林艺术构图规律的空间形象和色彩，也包括声、香、味及时间等环境因素。例如，西湖的"柳浪闻莺"、关中的"雁塔晨钟"、避暑山庄的"万壑松风"是有声之景；西湖的"断桥残雪"、燕京的"琼岛春荫"、避暑山庄的"梨花伴月"是有时之景。由此说明风景构成要素（山、水、植物、建筑以及天气和人文特色等）的特点是景的主要来源。

（二）景的感受

景是通过人的眼、耳、鼻、舌、身而被接受的。没有身临其境是不能体会景的美的。从感官来说，大多数的景主要是看，即观赏，如花港观鱼、卢沟晓月；但也有许多景，必须通过耳听、鼻闻、品味等才能感受，如避暑山庄的"风泉清听""远近泉声"是听的；广州的兰圃，每当兰花盛开季节，馨香满园，董老赞曰"国香"，需要通过闻才能感受；名闻中外的虎跑泉水龙井茶只有通过品茶才能真正感受。景的感受往往不是单一的，而是随着景色不同，以一种甚至几种感官感受来体现，如鸟语花香、月色江声、太液秋风等均属此类景色意境。

景能引起感受，即触景生情，情景交融。例如，西湖的平湖秋月，每当仲秋季节，天高云淡，空明如镜，水月交辉，水天宛然一体，使游人犹如置身于琼楼玉宇的广寒宫中；再如，广州烈士陵园的松柏给人以庄严肃穆的感受；北京颐和园的佛香阁建筑群给人以富丽堂皇的感受；位于哈尔滨市松花江之滨的斯大林公园，给人以开朗豁达的感受。

同一景色也可能有不同的感受，这是因为景的感受是随着人的职业、年龄、性别、文化程度、社会经历、兴趣爱好和当时的情绪不同而存在差异，但只要我们把握其中的共性，就可驾驭见景生情的关键。

二、景的观赏

景可供游览观赏，但不同的游览观赏方法会产生不同的景观效果，给人以不同的感受。

（一）静态观赏与动态观赏

景的观赏可分为动与静，即动态观赏与静态观赏。在实际游览中，往往是动静结合，动就是游、静就是息，游而无息使人筋疲力尽，息而不游又失去了游览的意义。不同的观赏方法给人以不同的感受，游人在行走中赏景即人的视点与景物产生相对移位，称为动态观赏，动态观赏的景物称为动态风景。游人在一定的位置向外观赏景物，视点与景物的位置不变，即为静态观赏，静态观赏的景物称为静态风景。

一般风景园林景观规划设计应从动与静两方面要求来考虑，风景园林绿地平面总图设计主要是为了满足动态观赏的要求，应该安排一定的风景路线，每一条风景路线应达到像电影片镜头剪辑一样的效果，分镜头（分景）按一定的顺序布置风景点，以使人行其间产生步移景异之感，一景又一景，形成一个循序渐进的连续观赏过程。

分景设计是为了满足静态观赏的要求，视点与景物位置不变，如看一幅立体风景画，整个画面是一幅静态构图，所能欣赏的景致可以是主景、配景、近景、中景、侧景、全景，甚至远景，或它们的有机结合。设计应使天然景色、人工建筑、绿化植物有机地结合起来，整个构图布置应该像舞台布景一样，好的静态观赏点正是摄影和画家写生的地方。静态观赏有时对一些情节特别感兴趣，要进行细部观赏，为了满足这种观赏需求，可以在分景中穿插配置一些能激发人们进行细致鉴赏，具有特殊风格的近景、特写景等，如某些特殊风格的植物，某些碑、亭、假山、窗景等。

（二）观赏点与景物的视距

人们赏景，无论动静观赏，总要有个立足点，游人所在位置称为观赏点或视点。观赏点与景物之间的距离，称为观赏视距。观赏视距适当与否对观赏的艺术效果影响甚大。人的视力各有不同。正常人的视力，明视距离为25 cm，4 km以外的景物不易看到；在大于500 m时，对景物存在模糊的形象；距离缩短到250~270 m时，能看清景物的轮廓；如要看清树木、建筑细部线条则要缩短到几十米之内。在正视情况下，不转动头部，视域的垂直明视角为26°~30°，水平视角为45°，超过此范围就要转动头部，转动头部的观赏，对景物整体构图印象就不够完整，而且容易感到疲劳。

（三）平视、俯视、仰视的观赏

观景因视点高低不同，可分为平视、俯视、仰视。居高临下，景色全收，这是俯视。有些景区险峻难攀，只能在低处观望，有时观景后退无地只能抬头，这是仰视。在平坦草地或河湖之滨，进行观景，景物深远，多为平视。平视、俯视、仰视的观赏对游人的感受各不相同。

1. 平视观赏

平视是视线平行向前，游人头部不用上仰下俯，可以舒服地平望出去，使人有平静、安宁、深远的感觉，不易产生疲劳。平视风景由于与地面垂直的线条，在透视上均无消失感，故景物高度效果感染力小，而不与地面垂直的线条，均有消失感，表现出较大的差异，因而对景物的远近深度有较强的感染力。平视风景应布置在视线可以延伸到较远的地方，如园林绿地中的安静地区，休息亭棚、休疗养区的一侧等。西湖风景的恬静感觉与多为平视景观分不开。

2. 俯视观赏

游人视点较高，景物展现在视点下方，如果视线向前，下部60°以外的景物不能映入视域内，鉴别不清时，必须低头俯视，此时视线与地平线相交，因而垂直地面的直线，产生向下消失感，故景物越低就显得越小。

所谓"一览众山小""登泰山而小天下"指的就是这种境界。俯视可带给人开阔和惊险的风景效果，如泰山山顶、华山峰顶、黄山清凉台都是这种风景。

3. 仰视观赏

景物高度很大，视点距离景物很近，当仰角超过13°时，就要把头微微扬起，这时与地面垂直的线条有向上消失感，故景物的高度感染力强，易形成高耸、险峻的景观效果及雄伟、庄严、紧张的气氛。在风景园林中，有时为了强调主景的崇高伟大，常把视距安排在主景高度的一倍以内，不允许有后退余地，运用错觉，使景象产生高大之感。古典园林叠假山，让人不从假山真高考虑，而将视点安排在近距离内，好像山峰高入蓝天白云之中。

游人在颐和园佛香阁中轴攀登时，出德辉殿后，抬头仰视的视角为62°，觉得佛香阁高入云端，就是这种手法产生的效果。

平视、俯视、仰视的观赏，有时不能截然分开，如登高楼、峻岭，先自下而上，一步一步攀登，抬头观看的是一组一组仰视景物；登上最高处，向四周平望而俯视；然后一步一步向下，眼前又是一组一组俯视景观。故各种视觉的风景安排，应统一考虑，使四面八方、高低上下都有很好的风景观赏，又要着重安排最佳观景点，让人停下脚步体验。

三、造景手法

造景，即人为地在园林绿地中创造一种既符合一定使用功能又有一定意境的景区。人工造景要根据园林绿地的性质、功能、规模，因地制宜地运用园林绿地构图的基本规律去规划设计。

现就景在园林绿地中的地位、作用和欣赏要求,将造景的手法分述如下。

(一)主景与配景

景无论大小均有主景与配景之分,在园林绿地中能起到控制作用的景叫主景,它是整个园林绿地的核心、重点,往往呈现主要的使用功能或主题,是全园视线控制的焦点。风景园林的主景按其所处空间的范围不同,一般有两种含义,一是指整个园子的主景,二是指园子中由于被园林要素分割的局部空间的主景。以颐和园为例,前者全园的主景是佛香阁排云殿一组建筑,后者如谐趣园的主景是涵远堂。配景起衬托作用,可使主景突出,像绿叶"扶"红花一样。在同一空间范围内,许多位置、角度可以欣赏主景,而处在主景之中,此空间范围内的一切配景又成为观赏的主要对象,所以主景与配景是相得益彰的。例如,北海公园的白塔即为主景。

不同景区之间、不同景点之间、不同空间之间均应有主有次,重点突出。主景需给予突出才容易被人发现和记忆。从视知觉理论来看,也就是视觉强化的过程,即使物象在一般基调之中有所突破、有所变化,从而构成视觉的聚集力,使之突出重点以统率全局。突出主景的方法如下。

1. 主体升高

主景主体升高,相对地使视点降低,看主景要仰视,一般可以简洁明朗的蓝天远山为背景,使主体的造型突出、轮廓鲜明,而不受其他因素的干扰。例如,广州越秀公园的五羊雕塑、北京天坛公园祈年殿、杭州花港观鱼牡丹亭。

2. 面阳朝向

这是指指屋宇建筑的朝向以南为好。因我国地处北半球,南向的屋宇条件优越,对其他风景园林景物来说也是重要的,山石、花木南向,有良好的光照和生长条件,各处景物显得光亮,富有生气,生动活泼。例如,天坛公园祈年殿、谐趣园中的建筑。

3. 运用轴线和风景视线的焦点

主景前方两侧常常进行配置，以强调陪衬主景，对称体形成的对称轴称中轴线，主景多布置在中轴线的终点，否则会让人感到这条轴线没有终结。此外主景常布置在园林纵横轴线的相交点，或放射轴线的焦点或风景透视线的焦点上。例如，意大利台地园、法国凡尔赛宫阿波罗泉池。

4. 动势向心

一般四面环抱的空间，如水面、广场、庭院等，周围次要的景色往往具有动势，趋向于一个视线的焦点，主景宜布置在这个焦点上，如意大利威尼斯的圣马可广场。此外，我国西湖周围的建筑布置都是朝向湖心的，因此，这些风景点的动势集中中心便是西湖中央的主景——孤山，其是"众望所归"的构图中心。由于力感作用，在视觉力场中会出现一个平衡中心，对控制全局及均衡稳定感起到决定作用。把重要的内容布置在平衡中心的位置，容易突出重点。

5. 空间构图的重心

主景布置在构图的重心处。规则式园林构图，主景常居于几何中心，如西方古典园林内的喷泉。而自然式园林构图，主景常布置在自然重心上，如中国传统假山园。主峰切忌居中，就是主峰不设在构图的几何中心，而有所偏，但必须布置在自然空间的重心上，四周景物要与其配合。

6. 渐变法

在园林景物的布局上，采取渐变的方法，从低到高，逐步升级，由次景到主景，级级引人入胜。

颐和园佛香阁建筑群，游人到达排云门时，看到佛香阁的仰角为 28°，再上升 90 步石级到达排云殿后看到佛香阁时的仰角为 49°，石级再上升 114 步到德辉殿后，看佛香阁时的仰角为 62°。游人与对象之间的视觉关系步步紧张，佛香阁主体建筑的雄伟感随着视角的变化而步步上升。

把主景安置在渐层和级进的顶点，将主景步步引向高潮，是强调主景和提高主景艺术感染力的重要处理手法。此外，空间的一重更进一重，所谓"园中有园，湖中有湖"的层层引人入胜，也是渐进的手法。例如，杭州的三潭印月，为湖中有湖、岛中有岛；颐和园的谐趣园为园中有园等。

综上所述，主景是被强调的对象，为了达到此目的，一般在体量、形状、色彩、质地及位置上都会进行特定的处理，使其更加突出，为了对比，一般用以小衬大、以低衬高的手法突出主景。但有时主景也不一定体量都很大或很高，在特殊条件下低在高处、小在大处也能取胜，成为主景，如长白山天池就是低在高处的主景。

（二）近景、中景、全景与远景

景色就空间距离层次而言有近景、中景、全景与远景。近景是近视范围较小的单独风景；中景是目视所及范围的景致；全景是相当于一定区域范围的总景色；远景是辽阔空间伸向远处的景致，相当于一个较大范围的景色，远景可以作为风景园林开阔处瞭望的景色，也可以作为登高处鸟瞰全景的背景。山地远景的轮廓称轮廓景，晨昏和阴雨天的天际线起伏称为蒙景。合理的安排前景、中景与背景，可以加深景的画面，使之富有层次感，使人获得深远的感受。

前景、中景、远景不一定都具备，要视造景要求而定，如景观效果要开朗广阔、气势宏伟，前景就可不要，只要简洁背景能烘托主题即可。

有的景观景深的绝对透视距离很大，由于缺乏层次，在感觉上平淡而缺乏深度感；如果景区的绝对透视距离并不大，但若有层次结构，可引起空间深远感，加强风景的艺术魅力，如杭州"三潭印月"多层次景观。

并不是所有的景物都需要有层次处理，应视具体情况而定。如需要开朗景观，则层次宜少或无层次，如大草坪或交通绿岛的绿化设计。

（三）借景

根据造景的需要，将园内视线所及的园外景色有意识地组织到园内进行欣赏，成为园景的一部分，称借景，"借"也是"造"。借景是极为重要的造景手段。《园冶》卷二、六"借景"专题篇中，把借景之法分为远借、邻借、仰借、俯借和应时而借五种手法。"园林巧于因借，精在体宜""借者园虽别内外，得景则无拘远近，晴峦耸秀，绀宇凌空，极目所至，俗则屏之，嘉则收之，不分町疃，尽为烟景……"说明借景除借园外景物，以丰富园内景观，增加层次和扩大空间感外，园内景物也可以相互因借。但究其实质，实为园内外和园内各空间景观的相互渗透或互为对景和相互烘托的关系。借景要达到"精"和"巧"的要求，使借来的景色同本园空间的气氛环境巧妙地结合起来，让园内园外相互呼应汇成一片。

借景能使可视空间扩大到目力所及的任何地方，在不耗费人工财力、不占园内用地的情况下，极大地丰富风景园林景观。借景可以表现在多个方面，按景的距离、时间、角度等，可分为以下几种。

1. 远借

远借就是借取园外远景，把园外远处的景物组织进来，所借景物可以是山、水、树木、建筑等。所借的园外远景通常要有一定高度，以保证不受园边墙、树、山石的遮挡。有时为了弥补这方面的不足，常在园内高处设置高台或建筑。远借虽然对观赏者和被观赏者所处的高度有一定要求，但产生的仍是平视效果，与仰借、俯借有较大的差别。

2. 邻借（近借）

邻借就是把园林周围相邻的景物引入视线之中，将邻近的景色组织进来。邻借对景物的高度要求不严格，低洼之地也可被借。周围环境是邻借的依据，周围景物，只要能够利用成景的都可以利用，如亭、阁、山、水、花木、塔、庙。例如，现代茶室采用落地玻璃墙邻借墙外景观；承德避暑山庄邻借周围的"八庙";苏州沧浪亭园内缺水,而邻园有河,则沿河做假山、驳岸和复廊,不设封闭围墙,从园内透过漏窗可领略园外河中景色,园外隔河与漏窗也可望园内,园内园外融为一体。

3. 仰借

仰借是利用仰视所借之景观,借居高之景物,以园外高处景物作为借景。仰借之景物常为山峰、瀑布、高阁、高塔之类。例如,北海可借附近景山万春亭。仰借视角过大时易使人产生疲劳感,因此附近应设置休息设施。

4. 俯借

俯借与仰借相反,是由高向低利用俯视所借之景物。许多远借也是俯借,登高才能远望,"欲穷千里目,更上一层楼。"登高四望,四周景物尽收眼底,就是俯借。所借之景物甚多,如江湖原野、湖光倒影等。万春亭可借北海之内景物,六和塔可借钱塘江宽广曲折的水景,前举承德避暑山庄之借"外八庙"也是俯借。此外,现如今著名旅游景点借珍珠滩、黄龙五彩池景观亦是俯借。俯借给人的感受也很深刻,但常使人"趋边性",应在边界处设置铁索、护栏、墙壁等保护措施。

5. 应时而借

利用一年四季、一日之时,由大自然的变化和景物的配合而成。如以一日来说,日出朝霞、晓星夜月;以一年四季来说,春风和煦、夏日原野、秋天丽日、冬日冰雪。就是植物也随季节转换,如春天的百花争艳、夏天的树荫覆盖、秋天的层林尽染、冬天的树木姿态。这些都是应时而借的意境素材,许多名景都是应时而借成名的,如"琼岛春荫""曲院风荷""平湖秋月""南山积雪""卢沟晓月"等。

(1) 借时。一天之内的晨昏明暗变化可以使人感受到自然的节律,如江苏扬州五亭桥;颐和园由前山去谐趣园的路上有一关城,其东称"紫气东来",其西为"赤城霞起";传说老子骑牛过潼关时,宛如霞光普照。建筑朝向一旦不好就要用人文和自然景观加以弥补。夕佳楼是颐和园中的另一个例子，它位于宜芸馆西侧，黄昏阳光强烈，环境条件并不好（有人称为"西晒楼"）。为此，在院中叠石时采用含有氧化铁成分的房山石，其新者橙红，旧者橙黄，从西侧楼上看，黄昏下的石峰在阳光的照射下，有"夕阳一抹金"的效果。院内种植国槐供鸟类栖息，楼西为水面，长满荷花。有对联："隔叶晚莺啼谷口，唼花雏鸭聚塘坳"，分写楼两边假山谷口的安静和池塘荷旁的声响，达到了陶渊明原诗里"山气日夕佳，飞鸟相与还"的意境要求。

承德避暑山庄西岭晨霞同样面西而立，却有着赏朝阳射于西岭之上的景色而非晚霞辉映的效果。"锤峰落照""清晖亭""瞩朝霞"等都是朝东的建筑，可以欣赏到棒槌山、蛤蟆石、罗汉山的剪影效果。其中"锤峰落照"主要供东望夕阳余晕照射下光彩夺目的磐锤峰。由此可见，赏景不应为建筑所左右，朝向可以东西向，甚至南北倒座，可以面东而赏夕阳，也可以面西而赏朝霞，宜视周围环境而定。

（2）借天。天气的变化常引起人们浓厚的兴趣。国外很多现代园林内不设亭廊等遮蔽设施，认为受些风吹雨打反而更有意味。泰山"斩云剑"、承德避暑山庄的南山积雪，都是对天时变化的欣赏。较为稳定、易于安排的天气变化要数四季的更替了。东晋王微曾说："望秋云，神飞扬，临春风，思浩荡。"陆机《文赋》里也写道："遵四时以叹逝，瞻万物而思纷，悲落叶于劲秋，喜柔条于芳春。"这些都说明了借助天时的变化，人们可以抒发自己的情怀。郭熙云"春山淡冶而如笑，夏山苍翠而欲滴，秋山明净而如妆，冬山惨淡而如睡"，赋予了四季不同的性格。

6. 借影

杭州花圃"美人照镜"石正面效果并不突出，但在水的倒影里可将靠里边的形态较美的部分反射出来。狮子林的"暗香疏影楼"取意于宋朝林逋的诗句："疏影横斜水清浅，暗香浮动月黄昏"，将诗的意境表达在园林里。拙政园东部的"倒影楼"、承德避暑山庄的"镜水云岑"等都是借影的例子。

此外，还有许多通过借影创造丰富优美的景观效果范例，如西藏拉萨的布达拉宫、苏州古典建筑群及北京颐和园的十七孔桥等。

7. 借声

拙政园燕园有"留听阁"，取自晚唐李义山"留得枯荷听雨声"之句。避暑山庄内的风泉清听、莺啭乔木、远近泉声、万壑松风、暖流喧波、听瀑亭、月色江声等都是以听觉为主的景点，做到了"绘声绘色"。再如，寄畅园的"八音涧"，涧中石路迂回，上有茂林，下流清泉。其落水之声好似用"金、石、丝、竹、匏、土、革、木"八种材料制成的乐器，合奏出"高山流水"的天然乐章。

8. 借香

草木的气息可使空气清新宜人，颐和园澄爽斋即取其意，堂前对联写着"芝砌春光兰池夏气，菊含秋馥桂映冬荣"，道出了春兰夏荷秋菊冬桂带来的满院芬芳。恭王府花园本不大，以香为景题的就有"樵香径""雨香岑""妙香亭""吟香醉月""秀艳恒春"等几处，成为园林中烘托山林气氛的重要手段。

9. 借虚

借景可借实景也可借虚景。如前所述的舫便是寄托人们理想的景观之一。颐和园的清晏舫取名出自郑锡的"河清海晏，时和岁丰"，显示出帝王巡游于太平盛世的升平景象。与"人生在世不称意，明朝散发弄扁舟"为指导的江南旱船建筑有很大的区别。瘦西湖、狮子林、南京照园、怡园、寄啸山庄、上海秋霞浦、古漪园等都设有这种"不系舟"。拙政园的香洲内又题有"野舫"，仿佛要在不沉之舟中感受到"少风波处便为家"的清逸节奏。现已不存的避暑山庄"云帆月舫"设于岸上，依"月来满地水，云起一天山"而将如水的月作为"驾轻云，浮明月"的凭借条件。

广东清晖园、余荫山房也建有船厅。以清晖园为例，楼也在湖岸较远处，以蕉叶形式的挂落模拟"蕉林夜泊"的意境，水边一株大垂柳上紫藤缠绕，象征船缆。楼以边廊和湖岸相接，宛如跳板，整个景点全靠意境连缀而成，浑然一体。

10. 借古田

"江山也要文人捧，堤柳而今尚姓苏。"我国风景园林历来是融自然景观和人文景观于一身的，两者可谓缺一不可。苏州虎丘为吴王墓地，传说曾有宝剑埋于此地，人们纷纷前来寻找，剑未找到却掘出一个大坑，称为剑池。池旁一石，上有裂缝，便被称为试剑石，风景就是这样一步步由浅而深、由简及丰发展来的。杭州灵隐寺的形态和周围有较大差异，并有泉水。为借以扬名，便有人传言山是由西天飞来，山上石洞尚有灵猿，游人遂众。苏东坡游后曾题诗曰："春淙如壑雷"，于是人们便建春淙亭、壑雷亭于香道旁边，加强了对香客的吸引力。冷泉亭有联王维诗"泉声咽危石，日色冷青松"，描写优美的自然景色。春淙亭联为"山水多奇踪，二涧春淙一灵鹫；天地无凋换，百顷西湖十里源"，貌似介绍这里水是百顷西湖之源，山是万里天堂之峰，实则暗示游人，佛法可使飞来峰落于此地，自然是万般灵验了。而灵隐乃是东土佛学之源，这一点和天地一样永远不会改变，使人感到妙趣横生。

我国古典园林有着优良的传统，随着时代的发展需要补充新的内容，原有的部分内容将可能受到冷落，有人说邻借在空间开放的现代社会中将不复存在。今天风景园林的开放性和公共性要求新的形式与其适应，快速交通工具如汽车、火车上的观赏者将以中景、远景为主。大多数绿地要满足人与人的交往需要，要成为人们交流的场所，尤其是街心公园、居住区绿地，常常需要采用更高、更新的设计手法而不能仅仅满足于对传统的模仿，否则任何一位非专业人员也能"照葫芦画瓢"，设计出徒具形式而无实际内容的风景园林。有的风景园林设计师在形成自己一套固定模式之后，经常不分场合地随处套用，对于一些功能性的设计，其固有的合理性自然不应放弃，对于创意性设计，则应尽可能使之"景色如新"，甚至在没有绞尽脑汁进行思考之前，设计师根本难以设想到最后"成品"的细枝末节，这种不可预见性正是风景园林空间丰富多彩、变幻莫测的魅力所在。

（四）对景与分景

为了创造不同的景观，满足游人对各种不同景物的欣赏，对园林绿地进行空间组织时，对景与分景是两种常见的手法。

1. 对景

位于园林绿地轴线及风景视线端点设置的景物叫对景。对景常置于游览线的前方，给人的感受直接、鲜明。为了观赏对景，要选择最精彩的位置，设置供游人休息逗留的场所作为观赏点，如安排亭铺、草地等与景相对。在城市的中轴线上对全局起统率作用的高大主景，如景山万春亭、各古老城市里的钟鼓楼都是采用正对手法使之成为独一无二的观赏重点。景可以正对，也可以互对，正对在轴线的端点设景点，是为了达到雄伟、庄严、气魄宏大的效果；互对是在园林绿地轴线或风景视线两端点设景点，互成对景。规则园林里也不时对此手法加以运用，但更为普遍的是互对——在风景视线的两端设景，它可以使景象增多，同时可避免单一建筑体量过大。互对景也不一定有非常严格的轴线，可以正对，也可以有所偏离。互对的角度要求也不像正对那样严格，对景之间常保持一定的差异而不求对等以突出自身的特点。江南园林里主体建筑与山池之间，北海的琼岛和团城之间都是互对的实际应用。

2. 分景

我国风景园林含蓄有致，意味深长，忌"一览无余"，要能引人入胜。所谓"景愈藏，意境愈大。景愈露，意境愈小。"分景常用于把园林划分为若干空间，使园中有园、景中有景、湖中有岛、岛中有湖。园景虚虚实实，景色丰富多彩，空间变化多样。分景按其划分空间的作用和艺术效果，可分为障景和隔景。

（1）障景（抑景）。在园林绿地中，抑制视线、引导空间屏障景物的手法叫障景。障景可以运用各种不同的题材来完成，可以用土山做山障，用植物题材的树丛叫树障，用建筑题材做成转折的廊院即曲障等，也可以综合运用。障景一般是在较短距离之间才被发现，因而视线受到抑制，有"山重水复疑无路"的感觉，于是改变空间引导方向，而逐渐展开园景，达到"柳暗花明又一村"的境界，即所谓"欲扬先抑，欲露先藏，先藏后露，才能豁然开朗"。

障景的手法是我国造园的特色之一。以著名宅园为例，进了园门穿过曲廊小院或婉转于丛林之间或穿过曲折的山洞来到大体瞭望园景的地点，此地往往是一面或几面敞开的厅轩亭之类的建筑，便于停息，但只能略窥全园或园中主景。这里只让园中美景的一部分隐约可见，但又可望而不可即，使游人产生无穷奇妙的向往和悬念，达到了引人入胜的效果。

障景在中国古典园林里应用得十分频繁。苏州拙政园腰门的设计就很有变化。当人们经过转折进入门厅内时，一座假山挡住去路，这时有五条路线可供选择：门厅西侧接廊，分题"左通""右达"（现东边封死，但由题刻可知原来也有廊子）；沿廊西去可到小沧浪，这里水曲岸狭，小飞虹、香洲、听香深处、荷风四面、见山楼等建筑在狭长的视野里层层分布，和远香堂对面空阔的自然山池形成强烈对比；如不想西行过远，可由山西面过桥前往，远香堂和听香堂深处之间的狭小空间让人在到达远香堂前对中部空间的宽广毫无预料，东部一条小路顺坡而下，这里不像西坡，山、水、建筑密集，只有和地形结合得很好的一道云墙，显得空旷，是前面庭园小空间之后的一处较为开敞的景区（但与中部相比面积上仍有数倍的差距）；中间两条路一条路潜入山洞，在洞里呈"S"形转折，更加强了直与曲、明与暗的对比；一条路沿山而上，山不高而陡，峭壁临水，又是另一种感受。五条道路五种感受，都与前后空间保持了联系，收到了"日涉成趣"之效。

（2）隔景。将园林绿地分隔为不同空间、不同景区的手法称为隔景。为使景区、景点各有特色，避免各景区的相互干扰，增加园景构图变化，隔断部分视线及游览路线,使空间"小中见大"。隔景的手法如常用绵延的土岗把两个不同意境的景区划分开来,或同时结合运用一水之隔。划分景区的岗阜不用高,2~3 m挡住视线即可。隔景的方法与题材也很多,如树丛、植篱、粉墙、漏墙、复廊等。运用题材不一,目的都是隔景分区,但效果和作用,依主题而定,或虚或实,或半虚半实,或虚中有实、实中有虚。简单来说,一水之隔是虚,虽不可越,但可望及;一墙之隔是实,不可越也不可见;疏林是半虚半实;而漏隔是虚中有实,似见而不能越过。

运用隔景手法划分景区,不但把不同意境的景物分隔开来,也使景物有了一个范围,一方面可以使注意力集中在范围内的景区上;另一方面从这个景区到那个不同主题的景区两者不相干扰,各自别有洞天,自成一个单元,而不致像没有分隔时那样,有骤然转变和不协调的感觉。

我国风景园林在这方面有很多成功的例子。山和石墙、一般性建筑可以隔断视线,称为实隔;空廊花架、乔木地被、水面漏窗虽造成不同空间的边界感却仍可保持联系,是为虚隔;堤岛、桥梁、林带等常可造成景物若隐若现的效果,称作虚实隔。国外很多古典园林中各个部分只是为某个视点提供画面,自身的个性受到了伤害。西方现代风景园林充分注意到了这一点,对于外部空间的设计和用植物材料进行空间划分的手段进行了广泛研究。相比之下我国风景园林界沿袭多于创新,而古典园林中以实隔为主,即使虚隔也多用廊、窗等建筑素材,使得建筑气氛浓烈(虽然在水面分隔上古典手法仍可发挥较好作用,但解决游人活动需求的关键还在陆地)。因此,并未创作出足够的真正意义上的新型风景园林。所以,这方面的设计水平有待提高。

(五)框景、夹景、漏景、添景

园林绿地景观构图,立体画面的前景处理手法可分为框景、夹景、漏景和添景等。

1. 框景

框景将景物直接呈现于游人面前，对于更好地选取景面有很大的帮助。空间景物不尽可观，或则平淡间有可取之景。利用门框、窗框、山洞等，有选择地摄取空间的优美景色，而把不要的隔绝遮住，使主体集中，鲜明单纯，恰似一幅嵌于镜框中的立体美丽画面。这种利用框架所摄取景物的组景手法叫框景。框景的作用在于把园林绿地的自然美、绘画美与建筑美高度统一于框景之中，因为有简洁的框景为前景，约束了人们游览时分散的注意力，使视线高度集中于画面的主景上，是一种有意安排强制性观赏的有效办法，处理成在不经意中得佳景，给人以强烈的艺术感染力，如扬州瘦西湖吹台亭的三星拱照就是利用月亮门做的框景。

框景务必设计好入框之对景，观赏点与框景应保持适当距离，视中线最好落在框景中心。其中框景的形式有入口框景、端头框景、流动框景、镜游框景。

2. 夹景

远景在水平方向视界很宽，但其又并非都很动人，因此，为了突出理想的景色，常将左右两侧以草丛、树干、土山或建筑等加以屏障，于是形成左右遮挡的狭长空间，这种手法叫夹景。夹景是用来遮蔽两旁留出的透景线，借以突出轴线顶端主景的景物，是运用轴线、透视线突出对景的手法之一。夹景可以造成景物的深远感，它可由山、石、建筑和植物构成，其本身的变化不应使人感到过于突出。夹景是一种引导游人注意的有效方法，沿街道的对景，利用密集的行道树来突出就是这种方法。

3. 漏景

漏景是从框景发展而来的。如果为使框入的景色含蓄、富于变化，而借助窗花、树枝产生似隔非隔、若隐若现的效果，就称为漏景。框景景色全观，漏景若隐若现，有"犹抱琵琶半遮面"的感觉，含蓄雅致。漏景不限于漏窗看景，还有漏花墙、漏屏风等。除建筑装修构件外，利用疏林树干也是营造漏景的好方式,植物宜高大,枝叶不过分郁闭,树干宜在背阴处,排列宜与远景并行。例如,北京颐和园玉澜堂南端昆明湖边的一丛桧柏林,错落有致,从疏朗的树干间透漏过来的万寿山远景,显得格外引人注目。

4. 添景

当风景点与远方之间没有其他中景、近景过渡时,为求主景或对景有丰富的层次感,加强远景"景深"的感染力,常做添景处理,如留园冠云峰。位于主景前面景色平淡的地方用以丰富层次的景物便是添景。建筑、植物均是构成添景理想的材料。添景可用建筑的一角或建筑小品,树木花卉。用树木做添景时,树木体形宜高大,姿态宜优美。例如,在湖边看远景常有几丝垂柳枝条作为近景的装饰就很生动。添景在宾馆饭店等场所更应受到重视。

(六)点景

我国风景园林善于抓住每一景观特点,根据它的性质、用途,结合空间环境的景象和历史,高度概括,常做出形象化、诗意浓、意境深的园林题咏,其形式多样,有匾额、对联、石碑、石刻等。题咏的对象更是丰富多彩,无论景象、亭台楼阁、一门一桥、一山一水,甚至名木古树都可以给予题名、题咏。例如,颐和园万寿山、爱晚亭、鱼沼秋蓉、杭州西湖曲院风荷、海南三亚南天一柱、天涯海角、泰山颂、将军树、迎客松、兰亭、花港观鱼、正大光明、纵览云飞、碑林等。点景不但丰富了景的欣赏内容,增加了诗情画意,点明了景的主题,给人以艺术联想,还有宣传装饰和导游的作用。各种园林题咏的内容和形式是造景不可分割的组成部分,我们把创作设计园林题咏称为点景手法,它是诗词、书法、雕刻、建筑艺术等的高度综合。

第三章　园林植物

第一节　种植设计的基本原则

园林植物在进行设计的时候，不仅要遵循生态学原理、根据植物自身的生态要求进行因地制宜的设计，还要结合美学原理，兼顾生态和人文美学、师法自然是设计的前提，胜于自然是从属要求。园林植物资源丰富，应对植物形态进行多方面把握，采用美学原理，把每种植物运用在园林中，充分展示植物本身特色，在营造良好生态景观的同时，形成景观上的视觉冲击。因此，园林中植物设计与林学上的植物栽植不同，有其独特的要求。

一、"适地适树"，以场地性质和功能要求为前提

园林植物的设计，首先要从园林场地的性质和功能出发。在园林中，植物是园林灵魂的体现，植物使用的地方很多，使用的方式也很多，针对不同的地段、不同的地块，有各自具体的园林设计功能需求。

街道绿地是园林设计中比较常见的。针对街道，首先要用行道树制造一片绿荫，达到供行人避暑的目的；其次，要考虑运用行道树来组织交通，注意对行车视线遮挡的实际问题，以及整个城市的绿化系统统一美化的要求。公园是园林不可或缺的一个部分，在公园设计中一般有可供大量游人活动的大草坪或者广场，以及避暑遮阴的乔灌木、密林、疏林、花坛等观赏实用的植物群。工厂绿化在日益发达的工业发展中，逐步被人重视，它

涉及工厂的外围防护、办公区的环境美化，以及休息绿地等板块。

园林植物的多样性导致了各种植物生长习性的不同，喜光、喜阴、喜酸性土壤、喜中性土壤、喜碱性土壤、喜欢干燥、喜欢水湿，或长日照和短日照植物等各有不同需求。根据"物竞天择，适者生存"的理念，在园林场地与植物生长习性相悖的情况下，植物往往会生长缓慢，表现出各种病状，最终会逐渐死亡。因此，在植物种植设计时，应当根据园林绿地各个场地进行实地考察，在光照、水分、温度及风力等实际方面多做工作，参照乡土植物，合理选取、配置相应物种，使各种不同习性的植物能在相对较适应的地段生长，形成生机盎然的景观效果。

本土植物是指产地在当地或起源于当地的植物，即长期生存在当地的植物种类。这类植物在当地经历了漫长的演化过程，最能适应当地的生境条件，其生理、遗传、形态特征与当地的自然条件相适应，具有较强的适应能力。它是各个地区最适合用于绿化的树种，可以有效提高植物的存活率和自然群落的稳定性，做到适地适树。同时，乡土植物是最经济的树种，运输管理费用相对较低，也是体现当地城市风貌的最佳选择。

二、以人为本的原则

任何景观都是为人而设计的，但人的需求并非完全是对美的享受，真正的以人为本应当首先满足人作为使用者的最根本的需求。植物景观设计亦是如此，设计者必须掌握人们的生活和行为的普遍规律，使设计能够真正满足人的行为感受和需求，即必须实现其为人服务的基本功能。但是，有些决策者为了标新立异，把大众的生活需求放在一边，植物景观设计缺少对人的关怀，走上了以我为本的歧途。例如，禁止入内的大草坪、地毯式的模纹广场，烈日暴晒，缺乏私密空间，使人们只能望"园"兴叹。因此，植物景观的设计必须符合人的心理、生理、感性和理性需求，把服务和有益于人们健康和舒适作为植物景观设计的根本，体现以人为本，满足居民

"人性回归"的渴望，力求创造风景如画、景色引人、为人所用、尺度适宜、亲切近人，达到人景交融的亲情环境。

三、植物配置的多样性原则

根据遗传基因的多样性，园林植物在选择上有太多的选择方式。但是，植物的多样性充分体现了当地植物品种的丰富性和植物群落的多样性，可以表现出多少绿量才能使植物景观有更加稳定的基础。各种植物在自身适宜环境下生长、发育、繁殖，都会有其独特的形态特征和观赏特点。就木本植物而言，每一种树木在花、叶、果、枝干、树形等方面的观赏特性都各不相同。例如，罗汉松、马褂木以观叶为主，樱花、碧桃以观花为主，火棘、金橘以观果为主，龙爪槐、红瑞木主要观赏枝干，柏树类主要就是观赏它的树形，也用于在陵墓塑造庄严气氛。在城市园林中，由于有大量高大建筑、硬质铺装，通常情况下，需要选用多种园林观赏植物来形成丰富多彩的园林绿地景观，提高园林绿地的艺术水平和观赏价值，优化城市绿化系统。多样性植物、多品种植物的运用，根据植物的季相性变化，会使城市园林绿地呈现出各个季度不同的色彩、不同的生气，带来四季常青、生机盎然的优美景观。

多种植物的选用，可以对城市不同地段的光照、水分、土壤和养分等多种生态条件进行合理的利用，获得良好的生态效益。植物的正常生长都需要一定的适宜环境条件。在城市中，光照、湿度及土壤的水分、肥力、酸碱性等生态条件有很大的差异，因此，仅用少数几种植物满足不了不同地段的各种立地条件；而多种植物就有了多种环境条件的契合，可以有效地做到有地就有相宜植物与之搭配。例如，在高层建筑的小区中，住宅楼的北面是背阴面，在地面上一般不容易形成绿化地块，需选用耐阴的乔木、灌木、藤本及草本植物来统一整合植物优势进行绿化。城市绿化还要考虑到植物覆盖率、单位面积植物活体量和叶面积指数，使用多种植物进行绿化，可以有效提高以上参数，同时可以增加居住区内绿地面积，实现净化空气、消减噪声、改善小环境气候等功能。

在植物绿化种植设计中，以各种植物有其不同的功能为依据，可以根据绿化的功能要求和立地条件选择种植适宜的园林植物。例如，在需要遮挡太阳西晒的绿化地段，可配置刺桐、喜树等高大乔木；在需要进行交通组织的地段，通常可用小叶女贞、丁香球、红花继木等灌木绿篱进行分割处理；在需要安排遮阴乘凉的地段，可以使用小叶榕、桂花、荷花、玉兰等枝叶繁密、分支点适宜的乔木；在需要攀附的廊架、围栏等独立小品面前，可以种植可观赏的藤本植物，如丁香、藤本月季、紫罗兰、常春油麻藤等；在需要设置亭廊的周围，需要打造出一片属于该处的独特景观视点，以吸引游人驻足；在广场活动集结的地方，一片草坪势必会让硬质地软化，这是讲究的阴阳调和。选用多种植物，可以满足自然的需求，亦可以满足人为对美的定义，用植物创造自然美。

合理选用多种植物，可以有效防治多种环境污染问题。

四、满足生态要求的"人工群落"原则

植物种植设计时，要遵循自然生态要求，顺应自然法则，形成植物生态群落，选择对应植物，构成相同群落元素，师法自然。要满足植物的生态要求，一方面，要在选择植物树种时因地制宜，适地适树，使种植植物的生态习性和栽植点的生态条件能够基本得到统一；另一方面，需要为植物提供合适的生态条件，如此才能使植物成活并正常生长。同时，对各种大小乔木、灌木、藤本、草本植物等地被植物进行科学的有机组合，各种形态、各种习性、各种季相、各种观赏要素合理配合，形成多层次复合结构的人工植物群落及良好的景观层次。

植物景观除了可供人们欣赏外，更重要的是它能创造出适合人类生存的生态环境。它具有吸音除尘、降解毒物、调节温湿度及防灾等生态效应，

如何使这些生态效应得以充分发挥，是植物景观设计的关键。在设计中，应从景观生态学的角度，结合区域景观规划，对设计地区的景观特征进行综合分析，否则会适得其反。例如，北京耗巨资沿四环和五环修建的城市绿化隔离带，其目的是控制城市"摊大饼"式的向外蔓延带来的环境压力，但在规划中由于缺乏对北京区域环境、自然系统和城市空间扩展格局的分析，采用均匀环绕北京城市周围的布局方式，不但不能真正防止北京城市无序扩张，还可能拉动和强化这种扩张模式。

五、满足艺术性、形式美法则

植物景观设计同样遵循着绘画艺术和景观设计艺术的基本原则，即统一、调和、均衡和韵律四大原则。植物的形式美是植物及其"景"的形式通过一定条件在人的心理上产生的愉悦感反应。它由环境、物理特性、生理感应三个要素构成。即在一定的环境条件下，对植物间色彩明暗的对比、不同色相的搭配及植物间高低大小的组合，进行巧妙的设计和布局，形成富于统一变化的景观构图，以吸引游人，供人们欣赏。

完美的植物景观必须具备科学性与艺术性两方面的高度统一，既要满足植物与环境在生态适应上的统一，又要通过艺术构图原理体现出植物个体及群体的形式美，以及人们欣赏时所产生的意境美。意境是中国文学和绘画艺术的重要表现形式，同时贯穿于园林艺术表现之中，即借植物特有的形、色、香、声、韵之美，表现人的思想、品格、意志，创造出寄情于景和触景生情的意境，将植物人格化。这一从形态美到意境美的升华，不但含义深邃，而且达到了"天人合一"的境界。植物景观中艺术性的创造是极为细腻复杂的，需要巧妙地利用植物的形体、线条、色彩和质地进行构图，并通过植物的季相变化来创造瑰丽的景观，表现其独特的艺术魅力。

六、师法自然

植物景观设计中栽培群落的设计，必须遵循自然群落的发展规律，并从丰富多彩的自然群落组成、结构中借鉴，保持群落的多样性和稳定性，这样才能从科学性上获得成功。自然群落内各种植物之间的关系是极其复杂和矛盾的，主要包括寄生关系、共生关系、附生关系、生理关系、生物化学关系和机械关系。在实现植物群落物种多样性的基础上，考虑这些种间关系，有利于提高群落的景观效果和生态效益。例如，温带地区的苔藓、地衣常附生在树干上，不但形成了各种美丽的植物景观，而且改善了环境的生态效应；而白桦与松、松与云杉之间具有对抗性，核桃叶分泌的核桃醌对苹果有毒害作用，这些现实环境中存在的客观条件一定要引起重视，在进行植物种植设计的时候充分加以考虑，从而设计出自然而然的景观。

第二节　乔木、灌木种植形式

乔木是植物景观营造的骨干材料，形体高大，枝叶繁茂，绿量大，生长年限长，景观效果突出，在种植设计中占有举足轻重的地位。能否掌握乔木在园林中的造景功能，将是决定植物景观营造成败的关键。"园林绿化，乔木当家。"乔木体量大，占据园林绿化的最大空间，因此，乔木树种的选择及其种植类型反映了一个城市或地区的植物景观的整体形象和风貌，是种植设计首先要考虑的问题。

灌木在园林植物群落中属于中间层，起着乔木与地面、建筑物与地面之间的连贯和过渡作用。其平均高度基本与人平视高度一致，极易形成视觉焦点，在植物景观营造中具有极其重要的作用，加上灌木种类繁多，既有观花的，也有观叶、观果的，更有花果或果叶兼美者。

根据乔木、灌木在园林中的应用目的，大体可将其种植形式分为孤植、对植、列植、丛植和群植等几种类型。

一、孤植

孤植是指在空旷地上孤立地将一株或几株同一种树木紧密地种植在一起，用来表现单株栽植效果的种植类型。

孤植树在园林中既可做主景构图，展示个体美，也可做遮阴之用，在自然式、规则式中均可应用。孤植树主要是表现树木的个体美。例如，奇特的姿态、丰富的线条、浓艳的花朵、硕大的果实等，因此孤植树在色彩、芳香、姿态上要有美感，具有很高的观赏价值。

孤植树的种植地点要求比较开阔，不仅要保证树冠有足够的空间，而且要有比较合适的观赏视距和观赏点。为了获得较清晰的景物形象和相对完整的静态构图，应尽量使视角与视距处于最佳位置。通常在垂直视角为26°~30°、水平视角为45°时观景较佳。

在安排孤植树时，要让人们有足够的活动场地和恰当的欣赏位置，尽可能用天空、水面、草坪、树林等色彩单纯而又有一定对比变化的背景加以衬托，以突出孤植树在体量、姿态、色彩等方面的特色。

适合作为孤植树的植物种类有雪松、白皮松、油松、圆柏、侧柏、金钱松、银杏、槐树、毛白杨、香樟、椿树、白玉兰、鸡爪槭、合欢、元宝枫、木棉、凤凰木、枫香等。

二、对植

对植是指用两株或两丛相同或相似的树，按一定的轴线关系，有所呼应地在构图轴线的左右两边栽植的类型。其在构图上形成配景或夹景，很少作为主景。

对植多应用于大门的两边、建筑物入口、广场或桥头的两旁。例如，在公园门口对植两株体量相当的树木，可以对园门及其周围的景观起到很好的引导作用；在桥头两边对植能增强桥梁的稳定感。对植也常用在有纪念意义的建筑物或景点两边，这时选用的对植树种在姿态、体量、色彩上要与景点的思想主题相吻合，既要发挥其衬托作用，又不能喧宾夺主。例如，广州中山纪念堂前左右对称栽植的两株白兰花，对植于主体建筑的两旁，高大的体量符合建筑体量的要求，常绿的开白花的芳香树种又能体现对伟人的追思和哀悼，寓意万古长青、流芳百世。

两株树对植包括两种情况。一种是对称式，建筑物前一边栽植一株，而且大小、树种要对称，两株树的连线与轴线垂直并等分。另一种是非对称式，两边植株体量不等或栽植距离不等，但左右是均衡的，多用于自然式。选择的树种和组成要近似，栽植时注意避免呆板的绝对对称，但又必须形成对应，给人以均衡的感觉。如果两株体量不一样，可在姿态、动势上取得协调。种植距离不一定对称，但要均衡，如路的一边栽雪松，另一边栽种月季，体量上相差很大，路的两边是不均衡的，我们可以加大月季的栽植量来达到平衡的效果。对植主要用于强调公园、建筑、道路、广场的出入口。

三、列植

列植是指乔灌木按一定株行距成排成行地栽植的类型。

列植树种要保持两侧的对称性，当然这种对称并不是绝对的对称。列植在园林中可作为园林景物的背景，种植密度较大的可以起到分隔空间的作用，形成树屏，这种方式使夹道中间形成较为隐秘的空间。通往景点的园路可用列植的方式引导游人视线，这时要注意不能对景点造成压迫感，也不能遮挡游人。在树种的选择上要考虑能对景点起到衬托作用的种类，如景点是已故伟人的塑像或纪念碑，列植树种就应该选择具有庄严肃穆气氛的圆柏、雪松等。行列栽植形成的景观比较整齐、单纯、气势大，是公路、城市街道、广场等规划式绿化的主要方式。

在树种的选择上，要求其具有较强的抗污染能力，在种植上要保证行车、行人的安全，然后还要考虑树种的生态习性、遮阴功能和景观功能。

列植的基本形式有两种。一是等行等距，从平面上看是成正方形或品字形。它适合用于规则式栽植。二是等行不等距，行距相等，但行内的株距有疏密变化，从平面上看是不等边三角形或不等边四边形。此类型可用于规则式或自然式园林的局部，也可用于规划式栽植到自然式栽植的过渡。

四、丛植

丛植通常是由几株到十几株乔木或乔灌木按一定要求栽植而成的类型。

树丛有较强的整体感，是园林绿地中常用的一种种植类型。它以反映树木的群体美为主，从景观角度考虑，丛植需符合多样统一的原则，所选树种的形态、姿势及其种植方式要多变，不能对植、列植或形成规则式树林。因此，要处理好株间、种间的关系。整体上要密植，像一个整体，局部又要疏密有致。树丛作为主景时四周要空旷，有较为开阔的观赏空间和通透的视线，或栽植点位置较高，使树丛主景突出。树丛栽植在空旷草坪的视点中心上，具有极好的观赏效果；在水边或湖中小岛上栽植，可作为水景的焦点，能使水面和水体活泼而生动；在公园进门后的位置栽植一丛树丛，既可观赏又有障景的作用。

树丛与岩石结合，设置于白粉墙前、走廊或房屋的角隅组成景观是常用的手法。另外，树丛还可作为假山、雕塑、建筑物或其他园林设施的配景。同时，树丛还能作为背景，如用雪松、油松或其他常绿树丛作为背景，前面配置桃花等早春观花树木或花境均有很好的景观效果。树丛设计必须以当地的自然条件和总的设计意图为依据，用的树种虽少，但要选得准，以充分掌握其植株个体的生物学特性及个体之间的相互影响，使植株在生长空间、光照、通风、温度、湿度和根系生长发育方面，都取得理想效果。

五、群植

群植是由十几株到二三十株的乔灌木混合成群栽植而成的类型。群植可由单一树种组成，也可由数个树种组成。由于树群的树木数量多，特别是对较大的树群来说，树木之间的相互影响、相互作用会变得突出，因此在树群的配植和营造中要注意各种树木的生态习性，创造满足其生长的生态条件，并在此基础上设计出理想的植物景观。从生态角度考虑，高大的乔木应分布在树群的中间，亚乔木和小乔木在外层，花灌木在更外围。同时，要注意耐阴种类的选择和应用。从景观营造角度考虑，要注意树群林冠线起伏，林缘线要有变化，主次分明，高低错落，有立体空间层次，季相丰富。

群植所表现的是群体美，树群应布置在有足够距离的开敞草地上，如靠近林缘的大草坪、宽广的林中空地、水中的小岛屿等。树群的规模不宜过大，在构图上要四面空旷，树群的组合方式最好采用郁闭式，树群内通常不允许游人进入。树群内植物的栽植距离要有疏密的变化，要构成不等边三角形，切忌成行、成排、成带地栽植。

六、林植

凡成片、成块大量栽植乔灌木，以构成林地和森林景观的称为林植。林植多用于大面积公园的安静区、风景游览区或休疗养区及生态防护林区和休闲区等。根据树林的疏密度林植可分为密林和疏林。

（一）密林

郁闭度0.7~1.0，阳光很少透入林下，因此土壤湿度比较大，基地被植物含水量高、组织柔软、脆弱、经不住踩踏，不便于游人做大量的活动，仅供散步、休息，给人以葱郁、茂密、林木森森的景观享受。密林根据树种的组成又可分为纯林和混交林。

（1）纯林。由同一树种组成，如油松林、圆柏林、水杉林、毛竹林等，树种单一。纯林具有单纯、简洁之美，但一般缺少林冠线和季相的变化，为弥补这一缺陷，可以采用异龄树种来造景，同时可结合起伏的地形变化，使林冠线得以变化。林区外缘还可以配植同一树种的树群、树丛和孤植树，以增强林缘线的曲折变化。林下可种植一种或多种开花华丽的耐阴或半耐阴的草本花卉，或是低矮的开花繁茂的耐阴灌木。

（2）混交林。由多种树种组成，是一个具有多层结构的植物群落。混交林季相变化丰富，充分体现质朴、壮阔的自然森林景观，而且抗病虫害能力强。供游人欣赏的林缘部分，其垂直成层构图要十分突出，但又不能全部塞满，以致影响游人的欣赏。为了能使游人深入林地，密林内部有自然路通过，或留出林间隙地造成明暗对比的空间，设草坪座椅极有静趣，但沿路两旁的垂直郁闭度不宜太大，以减少压抑与恐慌，必要时还可以留出空旷的草坪，或利用林间溪流水体种植水生花卉，也可以附设一些简单构筑物，以供游人短暂休息之用。密林种植，大面积的可采用片状混交，小面积的多采用点状混交，一般不用带状混交，要注意常绿与落叶、乔木与灌木林的配合比例，还有植物对生态因子的要求等。单纯密林和混交密林在艺术效果上各有其特点，前者简洁后者华丽，两者相互衬托，特点突出，因此不能偏废。从生物学的特性来看，混交密林比单纯密林好，园林中纯林不宜过多。

（二）疏林

郁闭度0.4~0.6，常与草地结合，故又称疏林草地。疏林草地是园林中应用比较多的一种形式，无论是鸟语花香的春天、浓荫蔽日的夏日，还是晴空万里的秋天，游人总喜欢在林间草地上休息、看书、野餐等，即便在白雪皑皑的严冬，疏林草地仍具风范。因此，疏林中的树种应具有较高的观赏价值，树冠宜开展，树荫要疏朗，生长要强健，花和叶的色彩要丰富，树枝线条要曲折多变，树干要有欣赏性，常绿树与落叶树的搭配要合适。树木的种植要三五成群、疏密相间、有断有续、错落有致，构图上生动活泼。林下草坪应含水量少、坚韧而耐践踏，游人可以在草坪上活动，且最好秋季不枯黄，疏林草地一般不修建园路，但如果是作为观赏用的嵌花疏林草地，应该有路可走。

七、篱植

由灌木或小乔木以近距离的株行距密植，栽成单行或双行的，其结构紧密的规则种植形式称为绿篱。绿篱在城市绿地中起分隔空间、屏障视线、衬托景物和防范作用。

（一）篱植的类型

（1）按是否修剪可分为整齐式（规则式）和自然式。

（2）按高度可分为矮篱、中篱、高篱和绿墙。

矮篱：0.5 m 以下，主要作为花坛图案的边线，或道路旁、草坪边来限定游人的行为。矮篱给人以方向感，既可使游人视野开阔，又能形成花带、绿地或小径的构架。

中篱：0.5~1.2 m，是公园中最常见的类型，用作场地界线和装饰。它能分离造园要素，但不会阻挡参观者的视线。

高篱：1.2~1.6 m，主要用作界线和建筑的基础种植，能创造完全封闭的私密空间。

绿墙：1.6 m 以上，用来阻挡视线、分隔空间或作为背景，如珊瑚树、圆柏、龙柏、垂叶榕、木槿、枸橘等。

（3）按特点可分为花篱、叶篱、果篱、彩叶篱和刺篱。

花篱：由六月雪、迎春、锦带花、珍珠梅、杜鹃花、金丝桃等观花灌木组成，是园林中比较精美的篱植类型，一般多用于重点绿化地段。

叶篱：大叶黄杨、黄杨、圆柏等为最常见的常绿观叶绿篱。

果篱：由紫珠、枸骨、火棘、枸杞、假连翘等观果灌木组成。

彩叶篱：由红桑、金叶榕、金叶女贞、金心黄杨、紫叶小檗等彩叶灌木组成。

刺篱：由枸橘、小檗、枸骨、黄刺玫、花椒、沙棘、五加等植物体有刺的灌木组成。

篱植的材料宜用小枝萌芽力强、分枝密集、耐修剪、生长慢的树种。对于花篱和果篱，一般选叶小而密、花小而繁、果小而多的种类。

（二）篱植

篱植在园林中的作用除了可用来围合空间和防范外，在规则式园林中它还可作为绿地的分界线，装饰道路、花坛、草坪的边线，围合或装饰几何图案，形成别具特点的空间。篱植还是分隔、组织不同景区空间的一种有效手段，通常用高篱或绿墙形式来屏障视线、防风、隔绝噪声，减少景区间的相互干扰。高篱还可以用作喷泉、雕塑的背景。此外，篱植的实用性还体现在屏障视线，遮挡土墙与墙基、路基等。

第三节　藤蔓植物种植形式

植物种植设计的重要功能是增加单位面积的绿量，而藤本不仅能提高城市及绿地拥挤空间的绿化面积和绿量、调节与改善生态环境、保护建筑墙面、围土护坡等，而且可用于绿化极易形成独特的立体景观及雕塑景观，以供观赏，同时可起到分割空间的作用。其对于丰富与软化建筑物呆板生硬的立面效果颇佳。

一、藤本的分类

（一）缠绕类

缠绕类植物的枝条能自行缠绕在其他支持物上生长发育，如紫藤、猕猴桃、金银花、三叶木通、素方花等。

（二）卷攀类

卷攀类植物依靠卷须攀缘到其他物体上，如葡萄、扁担藤、炮仗花、乌头叶蛇葡萄等。

（三）吸附类

吸附类藤本是依靠气生根或吸盘的吸附作用而攀缘的植物种类，如地锦、美国地锦、常春藤、扶芳藤、络石、凌霄等。

（四）蔓生类

这类藤本没有特殊的攀缘器官，攀缘能力比较弱，需依靠人工牵引向上生长，如野蔷薇、木香、软枝灌木、叶子花、长春蔓等。

二、藤本在园林中的应用形式

（一）棚架式绿化

选择合适的材料和构件建造棚架，栽植藤本，以观花、观果为主要目的，兼具遮阴功能，这是园林中最常见、结构造型最丰富的藤本植物景观营造方式。应选择生长旺盛、枝叶茂密的植物材料，对体量较大的藤本，棚架要坚固结实。可用于棚架的藤本有葡萄、猕猴桃、紫藤、木香等。棚架式绿化多用于庭院、公园、机关、学校、幼儿园、医院等场所，既可观赏，又给人们提供了一个纳凉、休息的理想场所。

（二）绿廊式绿化

选用攀缘植物种植于廊的两侧，并设置相应的攀附物，使植物攀缘而上直至覆盖廊顶形成绿廊；也可在廊顶设置种植槽，使枝蔓向下垂挂形成绿帘。绿廊具有观赏和遮阴两种功能，在植物选择上应选用生长旺盛、分枝力强、枝叶稠密、遮阴效果好而且姿态优美、花色艳丽的种类，如紫藤、金银花、铁线莲、叶子花、炮仗花等。绿廊既可观赏，廊内又可形成私密空间，供人们游赏或休息。在绿廊植物的养护管理上，不要急于将藤蔓引至廊顶，注意避免造成侧方空虚，影响观赏效果。

（三）墙面绿化

把藤本通过牵引和固定使其爬上混凝土或砖制墙面，从而达到绿化美化的效果。城市中墙面的面积大、形式多样，可以充分利用藤本来加以绿化和装饰，以此打破墙面呆板的线条，柔化建筑物的外观。例如，地锦、美国地锦、凌霄、美国凌霄、络石、常春藤、藤本月季等，为利于藤本植物的攀附，也可在墙面安装条状或网状支架，并进行人工缚扎和牵引。

墙面绿化应根据墙面的质地、材料、朝向、色彩、墙体高度等来选择植物材料。对于质地粗糙、材料强度高的混凝土墙面或砖墙，可选择枝叶粗大、有吸盘、气生根的植物，如地锦、常春藤等；对于墙面光滑的马赛克贴面，宜选择枝叶细小、吸附力强的络石；对于表层结构光滑、材料强度低且抗水性差的石灰粉刷墙面，可用藤本月季、凌霄等。墙面绿化还应考虑墙体的颜色，如砖红色的墙面可选择开白花、淡黄色的木香或观叶的常春藤。

（四）篱垣式绿化

篱垣式绿化主要用于篱笆、栏杆、铁丝网、矮墙等处的绿化，既有围墙或屏障的功能，又有观赏和分割的作用。用藤本植物爬满篱垣栅栏形成绿墙、花墙、绿篱、绿栏等，不仅具有生态效益，使篱笆或栏杆显得自然和谐，而且使景观生机勃勃、色彩丰富。由于篱垣的高度一般较矮，对植物材料的攀缘能力要求不高，因此几乎所有的藤本都可用于此类绿化，但具体应用时要根据不同的篱垣类型选用不同的植物材料。

（五）立柱式绿化

城市的立柱包括电线杆、灯柱、廊柱、高架公路立柱、立交桥立柱等，对这些立柱进行绿化和装饰是垂直绿化的重要内容之一，另外，园林中的树干也可作为立柱进行绿化，而一些枯树绿化后可给人老树生花、枯木逢春的感觉，景观效果好。立柱的绿化可选用缠绕类和吸附类的藤本，如地锦、常春藤、三叶木通、南蛇藤、络石、金银花等；对枯树的绿化可选用紫藤、凌霄、西番莲等观赏价值较高的植物种类。

（六）山石、陡坡及裸露地面的绿化

将藤本植物攀附于假山、石头上，能使山石生辉，更富有自然情趣，常用的植物材料有地锦、美国地锦、扶芳藤、络石、常春藤、凌霄等。陡坡地段难以种植其他植物，若不进行绿化，一方面会影响城市景观，另一方面会造成水土流失。利用藤本攀缘、匍匐生长的习性，可以对陡坡进行绿化，形成绿色坡面，既有观赏价值，又能起到良好的固土护坡作用，防止水土流失。经常使用的藤本有络石、地锦、美国地锦、常春藤等。藤本还是地被绿化的好材料，一些木质化程度较低的种类都可以用作地被植物，覆盖裸露的地面，如常春藤、蔓长春花、地锦、络石、扶芳藤、金银花等。

第四节　花卉及地被种植形式

花卉种类繁多、色彩艳丽、婀娜多姿，可以布置于各种园林环境中，是缤纷的色彩及各种图案纹样的主要体现者。园林花卉除了大面积用于地被以及与乔灌木构成复层混交的植物群落，还常常作为主景被布置成花坛、花境等，极富装饰效果。

一、花坛的应用与设计

花坛的最初含义是在具有几何形轮廓的植床内种植各种不同色彩的花卉，用花卉的群体效果来体现精美的图案纹样，或观赏盛花时绚丽景观的一种花卉应用形式。

花坛通常具有几何形的栽植床，属于规则式种植设计；主要表现的是花卉组成的平面图案纹样或华丽的色彩美，不表现花卉个体的形态美；多以时令性花卉为主体材料，并随季节更换，保证最佳的景观效果。

（一）花坛的类型

1. 按表现主题不同分类

花丛式花坛（盛花花坛）：主要表现和欣赏观花的草本植物花朵盛开时花卉本身群体的绚丽色彩，以及不同花色种或品种组合搭配所表现出的华丽的图案和优美的外貌。

模纹花坛：主要表现和欣赏由观叶或花叶兼美的植物所组成的精致复杂的平面图案纹样。

标题式花坛：用观花或观叶植物组成具有明确的主题思想的图案，按其表达的主题内容可以分为文字花坛、肖像花坛、象征性图案花坛等。

装饰物花坛：以观花、观叶或不同种类配植成具有一定实用目的的装饰物的花坛。

立体造型花坛：以枝叶细密的植物材料种植于具有一定结构的立体造型骨架上而形成的一种花卉立体装饰。

混合花坛：不同类型的花坛组合，如花丛花坛与模纹花坛结合、平面花坛与立体造型花坛结合以及花坛与水景、雕塑等的结合而形成的综合化探景观。

2. 按布局方式分类

独立花坛：作为局部构图中的一个主体而存在的花坛，因此独立花坛是主景花坛。它可以是花丛式花坛、模纹式花坛、标题式花坛或者装饰物花坛。

花坛群：当多个花坛组合成不可分割的构图整体时，称为花坛群。

连续花坛群：多个独立花坛或带状花坛成直线排列成一列，组成一个有节奏规律的不可分割的构图整体时，称为连续花坛群。

（二）花坛植物材料的选择

1. 花丛式花坛的主体植物材料

花丛式花坛主要由观花的一二年生花卉和球根花卉组成，开花繁茂的多年生花卉也可以使用。要求株丛紧密、整齐；开花繁茂，花色鲜明艳丽，花序呈平面开展，开花时见花不见叶，花期长而一致。例如，一二年生花卉中的三色堇、雏菊、百日草、万寿菊、金盏菊、翠菊、金鱼草、紫罗兰、一串红、鸡冠花等，多年生花卉中的小菊类、荷兰菊等，球根花卉中的郁金香、风信子、水仙、大丽花的小花品种等都可以用作花丛花坛的布置。

2. 模纹式花坛及造型花坛的主体植物材料

由于模纹花坛和立体造型花坛需要长期维持图案纹样的清晰和稳定，因此宜选择生长缓慢的多年生植物（草本、木本均可），且以植株低矮、分枝密、发枝强、耐修剪、枝叶细小为宜，最好高度低于10 cm。尤其是毛毡花坛，以观赏期较长的五色草类等观叶植物最为理想，花期长的四季秋海棠、凤仙类也是很好的选材，另外株型紧密低矮的雏菊、景天类、孔雀草、细叶百日草等也可选用。

（三）设计要点

1. 花坛的布置形式

花坛与周围环境之间存在协调和对比的关系，包括构图、色彩、质地的对比；花坛本身轴线与构图整体的轴线的统一，平面轮廓与场地轮廓相一致，风格和装饰纹样与周围建筑物的性质、风格、功能等相协调。花坛的面积也应与所处场地面积比例相协调，一般不大于1/3，也不小于1/15。

2. 花坛的色彩设计

花坛的主要功能是装饰性，即平面几何图形的装饰性和绚丽色彩的装饰性。因此在设计花坛时，要充分考虑所选用植物的色彩与环境色彩的对比，花坛内各种花卉间色彩、面积的对比。一般花坛应有主调色彩，其他颜色则起勾画图案线条轮廓的作用，切忌没有主次、杂乱无章。

3. 花坛的造型、尺度要符合视觉原理

人的视线与身体垂直线形成的夹角不同时，视线范围变化很大，超过一定视角时，人所观赏到的物体就会发生变形。因此在设计花坛时，应考虑人视线的范围，保证能清晰观赏到不变形的平面图案或纹样。例如，采用斜坡、台地或花坛中央隆起的形式设计花坛，使花坛具有更好的观赏效果。

4. 花坛的图案纹样设计

花坛的图案纹样应该主次分明、简洁美观。切忌在花坛中布置复杂的图案和等面积分布过多的色彩。模纹花坛纹样应该丰富和精致，但外形轮廓应简单。由五色草类组成的花坛纹样最细不可窄于 5 cm，其他花卉组成的纹样最细不少于 10 cm，常绿灌木组成的纹样最细在 20 cm 以上，这样才能保证纹样清晰。当然，纹样的宽窄也与花坛本身的尺度有关，应以与花坛整体尺度协调且在适当的观赏距离内纹样清晰为标准。装饰纹样风格应该与周围的建筑或雕塑等风格一致。标志类的花坛可以各种标记、文字、徽志作为图案，但设计要严格符合比例，不可随意更改；纪念性花坛还可以人物肖像作为图案；装饰物花坛可以日晷、时钟、日历等内容为纹样，但需精致准确，多做成模纹花坛的形式。

二、花境的应用与设计

花境是园林中从规则式构图到自然式构图的一种过渡的半自然式的带状种植形式，以体现植物个体所特有的自然美及它们之间自然组合的群落美为主题。花境种植床两边的边缘线是连续不断的平行直线或是有几何轨迹可循的曲线，是沿长轴方向演进的动态连续构图；其植床边缘可以有低矮的镶边植物；内部植物平面上是自然式的斑块混交，立面上则高低错落，既展现植物个体的自然美，又表现植物自然组合的群落美。

（一）花境的类型

1. 依设计形式分

单面观赏花境：为传统的种植形式，多临近道路设置，并常以建筑物、矮墙、树丛、绿篱等为背景，前面为低矮的边缘植物，整体上前低后高，仅供一面观赏。

双面观赏花境：多设置在道路、广场和草地的中央，植物种植总体上以中间高两侧低为原则，可供双面观赏。

对应式花境：在园路轴线的两侧、广场、草坪或建筑周围设置的呈左右两列式相对应的两个花境。在设计上统一考虑，作为一组景观，多用拟对称手法，力求富有韵律变化之美。

2. 依花境所用植物材料分

灌木花境：选用的材料以观花、观叶或观果且体量较小的灌木为主。

宿根花卉花境：花境全部由可露地过冬、适应性较强的宿根花卉组成。

混合式花境：以中小型灌木与宿根花卉为主构成的花境，为了延长观赏期，可适当增加球根花卉或一二年生的时令性花卉。

（二）花境植物材料的选择

花境所选用的植物材料通常以适应性强、耐寒、耐旱、当地自然条件下生长强健且栽培管理简单的多年生花卉为主，为了满足花境的观赏性，应选择开花期长或花叶皆美的种类，株高、株形、花序形态变化丰富，以便有水平线条与竖直线条之差异，从而形成高低错落有致的景观。种类构成还需色彩丰富、质地有异、花期具有连续性和季相变化，从而使整个花境的花卉在生长期次第开放，形成优美的群落景观。宿根花卉中的鸢尾、萱草、玉簪、景天等，均是布置花境的优良材料。

（三）设计要点

（1）花境布置应考虑所在环境的特点。花境适于沿周边布置，在不同的场合有不同的设计形式，如在建筑物前，可以基础种植的形式布置花境，利用建筑作为背景，结合立体绿化，软化建筑生硬的线条；道路旁则可在道路一侧、两侧或中央设置花境，形成封闭式、半封闭式或开放式的道路景观。

（2）花境的色彩设计。花境的色彩主要通过植物的花色来体现，同时植物的叶色，尤其是观叶植物叶色的运用也很重要。宿根花卉是色彩丰富的一类植物，是花境的主要材料，也可适当选用些球根及一两年生花卉，使得色彩更加丰富。在花境的色彩设计中可以巧妙地利用不同花色来创造空间或景观效果，如把冷色占优势的植物群放在花境后部，在视觉上有加大花境深度、增加宽度之感；在狭小的环境中用冷色调组成花境，有空间扩大感。在平面花色设计上，如有冷暖两色的两丛花，当其具有相同的株形、质地及花序时，由于冷色有收缩感，若使这两丛花的面积或体积相当，则应适当扩大冷色花的种植面积。

因花色可产生冷、暖的心理感觉，花境的夏季景观应使用冷色调的蓝、紫色系花，以带给人凉爽之意；而早春或秋天用暖色的红、橙色系花卉组成花境，可令人产生温暖之感。在安静休息区设置花境宜多用冷色调花；如果为加强环境的热烈气氛，则可多使用暖色调的花卉。

花境色彩设计中主要有四种基本配色方法：单色系设计、类似色设计、补色设计、多色设计。设计中根据花境大小选择色彩数量，避免在较小的花境上使用过多的色彩而产生杂乱感。

（3）花境的平面和立面设计。构成花境的最基本单位是自然式的花丛。每个花丛的大小，即组成花丛的特定种类的株数的多少取决于花境中该花丛在平面上面积的大小和该种类单株的冠幅等。平面设计时，即以花丛为单位，进行自然斑块状的混植，每斑块为一个单种的花丛。通常一个设计单元（如20m）以5~10种的种类自然式混交组成。各花丛大小有变化，一般花后叶丛景观较差的植物面积宜小些。为使开花植物分布均匀，又不因种类过多造成杂乱，可把主花材植物分为数丛种在花境的不同位置。在花后叶丛景观差的植株前方配植其他花卉给予弥补。使用球根花卉或一二年生草花时，应注意该种植区的材料轮换，以保持较长的观赏期。对于过长的花境，可设计一个演进花境单元进行同式重复演进或两三个演进单元交替重复演进。但必须注意整个花境要有主调、配调和基调，做到多样统一。

花境的设计还应充分体现不同样型的花卉组合在一起形成的群落美。因此，立面设计应充分利用植物的株形、株高、花序及质地等观赏特性，创造出高低错落、丰富美观的立面景观。

三、花丛的应用与设计

花丛是指根据花卉植株高矮及冠幅大小之不同，将数目不等的植株组合成丛配植阶旁、墙下、路旁、林下、草地、岩隙、水畔等处的自然式花卉种植形式。花丛重在表现植物开花时华丽的色彩或彩叶植物美丽的叶色。

花丛既是自然式花卉配植的最基本单位，也是花卉应用最广泛的形式。花丛可大可小，小者为丛，集丛成群，大小组合、聚散相宜、位置灵活，极富自然之趣。因此，最宜布置于自然式园林环境，也可点缀于建筑周围或广场一角，对过于生硬的线条和规整的人工环境起到软化和调和的作用。

（一）花丛花卉植物材料的选择

花丛的植物材料应以适应性强、栽培管理简单，且能露地越冬的宿根和球根花卉为主，既可观花，也可观叶或花叶兼备，如芍药、玉簪、萱草、鸢尾、百合、玉带草等。栽培管理简单的一二年生花卉或野生花卉也可以用作花丛。

（二）设计要点

花丛从平面轮廓到立面构图都是自然式的，边缘不用镶边植物，与周围草地、树木等没有明显的界线，常呈现一种错综自然的状态。

园林中，根据环境尺度和周围景观，既可用单种植物构成大小不等、聚散有致的花丛，也可用两种或两种以上花卉组合成丛。但花丛内的花卉种类不能太多，要有主有次；各种花卉混合种植，不同种类要高矮有别、疏密有致、富有层次，达到既有变化又有统一的目的。

花丛设计应避免两点：一是花丛大小相等，等距排列，显得单调；二是种类太多，配植无序，显得杂乱无章。

第四章 康养概述与理论基础

第一节 康养的概念及特点

一、康养的概念

康养就是健康和养生。康养由"健康"和"养生"这两个词复合而成。首先看看什么是健康，再来看看什么是养生，这样，康养就比较容易理解了。

什么是健康？世界卫生组织（WHO）在1948年成立时在其宪章中给健康下的定义："健康是一种躯体、精神与社会和谐融合的完美状态，而不仅仅是没有疾病或身体虚弱。"具体来说，WHO定义中的健康包括躯体健康、精神健康、人与社会和谐的健康。WHO的定义体现了积极的和多维的健康观，是健康的最高目标。1986年，WHO参与主办的首届国际健康促进大会发布的《渥太华宪章》重新定义了健康："健康是每天生活的资源，并非生活的目标。健康是一种积极的概念，强调社会和个人的资源以及个人躯体的能力。"《渥太华宪章》还指出："良好的健康是社会、经济和个人发展的主要资源，是生活质量的一个重要方面。"在这里，健康首次被定义为"资源"。要理解"健康是每天生活的资源"这一定义的重要性，则有必要了解一下什么是资源。根据《辞海》解释，资源是"资财的来源，一般指天然的财源"。恩格斯认为："劳动和自然界在一起才是一切财富的源泉，自然界为劳动提供材料，劳动把材料转变为财富。"蒙德尔将"资源"定义为"生产过程中所使用的投入"。可见，资源的来源及组成，不仅是自然资源，而且还包括人类劳动的社会、经济、技术等因素，以及人力、人才、智力（信息、知识）、健康等资源。可以说，资源是一切可被人类开发和利用的客观存在。资源一般可分为经济资源与非经济资源两大类。健康应该属于非经济资源。所有的资源都是有限的，资源需要管理。通过管理，可以最大限度地发挥资源的作用。

Engel G.L. 首先提出健康的生物心理社会模式：健康与疾病是生物、心理及社会因素相互作用而成的。现代医学和心理学认为，健康与疾病不是截然分开的，而是同一序列的两端。在健康序列分布中，人群总体健康呈现常态分布，中等健康水平者居多。某一个体的健康状况，会根据他所在的自然与社会环境和其自身对环境的适应状况不断变化、发展。真正完满的健康（康宁）状态是一种理想，只有少数人或在个别情况下才能达到，大多数人在通常情况下都能比较健康地生活。

什么是养生？养生就是根据生命发展的规律，采取能够保养生命、延年益寿的方法所进行的保健活动。养生（又称摄生、道生）一词最早见于《庄子》内篇。所谓生，就是生命、生存、生长之意；所谓养，即保养、调养、培养、补养、护养之意。养生是通过养精神、调饮食、练形体、适寒温等各种方法实现的，是一种综合性的强身益寿活动。养生学是以医学基本理论为指导，探索和研究生命的规律，以颐养身心、增强体质、预防疾病的理论和方法为宗旨，进行综合性养生保健活动，从而达到强身防病、延年益寿的目的的学科。

自古以来，人们把养生的理论和方法叫作"养生之道"。例如《素问·上古天真论》说："上古之人，其知道者，法于阴阳，和于术数，食饮有节，起居有常，不妄作劳，故能形与神俱，而尽终其天年，度百岁乃去。"此处的"道"，就是养生之道。能否健康长寿，不仅在于能否懂得养生之道，更为重要的是能否把养生之道贯彻应用到日常生活中去。历代养生家由于各自的实践和体会不同，他们的养生之道在静神、动形、调气、食养及药饵等方面各有侧重、各有所长。从学术流派来看，又有道家养生、儒家养生、医家养生、释家养生和武术家养生之分，他们都从不同角度阐述了养生理论和方法，丰富了养生学的内容。

目前的养生学吸取各学派之精华，提出了一系列养生原则。例如，饮食养生强调食养、食节、食忌、食禁等；药物保健则注意药养、药治、药忌、药禁等；传统的运动养生更是种类繁多，如动功有太极拳、八段锦、易筋经、五禽戏、保健功等，静功有放松功、内养功、强壮功、意气功、真气运行法等，动静结合功有空劲功、形神桩等。无论选学哪种功法，只要练功得法，持之以恒，都可收到健身防病、益寿延年之效。针灸、按摩、推拿、拔火罐等，亦都方便易行，效果显著。诸如此类的方法不仅深受中国人民喜爱，而且远传世界各地，为全人类的保健事业做出了应有的贡献。

二、康养的特点

康养是从实践经验中总结出来的科学，是历代劳动人民智慧的结晶，它经历了几千年持续不断、日积月累的实践，由实践上升为理论，归纳出方法，又回到实践中去验证，如此循环往复不断丰富和发展，进而形成了一门独立的学科。从内容上来看，康养涉及现代科学中的预防医学、心理医学、行为科学、医学保健、天文气象学、地理医学、社会医学等多学科领域，实际上它是多学科领域的综合，是当代生命科学中的实用学科。

康养以其博大精深的理论和丰富多彩的方法而闻名于世。它的形成和发展与数千年光辉灿烂的传统文化密切相关，因此具有独特的东方色彩和民族风格。自古以来，东方人、西方人对养生保健都进行了长期的大量的实践和探讨，但由于各自的文化背景不同，其养生的观点也就存在差异。康养是在中华民族文化为主体背景下发生发展起来的，故此有它自身的特点，现略述其概要。

（一）以预防疾病为核心

　　康养的重要目的之一就是促进健康和预防疾病。尽管影响人类健康长寿有着诸多的因素，但疾病是最为重要的原因。因此，防止疾病的发生、演变以及复发，是康养的核心内容。要长寿就必须做到未病先防、已病防变和病愈防复，将此与长寿统一起来，创立养生学说中"治未病"的预防学思想。这和西方医学理论倡导的健康管理的理念不谋而合。健康管理的实质就是管理健康，是以现代健康概念和中医"治未病"思想为指导，运用医学、管理学等相关学科的理论、技术和方法，对个体或群体健康状况及其影响健康的危险因素进行全面连续的监测、分析和评估，提供健康咨询和指导，并对危险因素进行干预和管理的全过程，最终目标是促进人人健康。简单来说，健康管理是以人的健康为中心，进行长期连续、周而复始的全人全程全方位的健康服务。

　　康养和健康管理的思想古已有之，从西方古希腊时代到我国春秋战国时期，朴素的康养思想已经萌芽。古希腊"医学之父"希波克拉底指出："能理解生命的人同样理解健康对人来说具有最高的价值。"《罗马帝国百科全书》记载医学实践由三部分组成：通过生活方式治疗、通过药物治疗和通过手术治疗。生活方式治疗就是在营养、穿着和对身体的护理、进行锻炼和锻炼的时间长度、按摩和洗澡、睡眠、合理限度内的性生活等方面，提供健康方式的处方和建议。在我国浩瀚的中医学文献中也有许多康养的思想火花。两千多年前的《黄帝内经·素问》中"圣人不治已病治未病，不治已乱治未乱，此之谓也。夫病已成而后药之，乱已成而后治之，譬犹渴而穿井，斗而铸锥，不亦晚乎？"已经孕育着"预防为主"的健康管理和康养思想。《吕氏春秋》所载"流水不腐、户枢不蠹，动也"就含有生命在于运动的哲理。我国传统中医养生十分重视饮食补益和锻炼健身防病，如《黄帝内经》指出"毒药攻邪，五谷为养，五果为助，五菜为充，气味合而服之，以补精益"；1800多年前的医学家华佗认为"动摇则骨气得消，血脉流通，病不得生，譬犹户枢，终不朽也"，而"上医治未病，中医治欲病，下医治已病"则与康养的思路不谋而合。

（二）以和谐适度为宗旨

养生保健必须整体协调，寓养生于日常生活之中，贯穿在衣、食、住、行、坐、卧之间，事事处处都有讲究。其中一个突出特点，就是和谐适度。使体内阴阳平衡，守其中正，保其冲和，则可健康长寿。例如，情绪保健要求不卑不亢、不偏不倚、中和适度。又如，节制饮食、睡眠适度、形劳而不倦等，都体现了这种思想。晋代养生家葛洪提出"养生以不伤为本"的观点，不伤的关键即在于遵循自然及生命过程的变化规律，掌握适度，注意调节。

和谐，主要体现在平衡阴阳中。中医理论在阴阳学说的直接指导下解释生命现象，认为阴阳是人体生命活动的根本属性，而阴阳平衡又是人体健康的基本标志。所以，协调阴阳使之和谐，自然就成为养生的宗旨。《素问·生气通天论》所云："因而和之，是谓圣度。"只有脏腑、经络、气血等保持相对稳定协调，维持"阴平阳秘"的生理状态，方能保证机体的生存。

适度，是指人的生命活动及脏腑器官等都有其恒定的承受能力与度数，在此范围内为常态，超过一定的"度"，就会走向反面。所以重适度、和调节也是养生的宗旨。《素问·经脉别论》所云："生病，起于过用。"

（三）以综合调摄为原则

人类健康长寿并非靠一朝一夕、一功一法的摄养就能实现，而是要针对人体的各个方面，采取多种调养方法，持之以恒地进行审因施养，才能达到目的。因此，康养一方面强调从自然环境到衣食住行、从生活爱好到精神卫生、从药饵强身到运动保健等，进行较为全面的、综合的防病保健；

另一方面又十分重视按照不同情况区别对待，反对千篇一律、一个模式，倡导针对各自的不同特点做到有的放矢，体现中医养生的动态整体平衡和审因施养的思想。历代养生家都主张养生要因人、因时、因地制宜，全面配合。例如，因年龄而异，注意分阶段养生；顺乎自然变化，四时养生；重视环境与健康长寿的关系，注意环境养生等。又如，传统健身术的运用原则，提倡根据各自的需要，可分别选用动力、静功或动静结合之功，又可配合导引、按摩等法。这样，不但可补偏救弊、导气归经，有益寿延年之效，又有开发潜能和智慧之功，从而收到最佳摄生保健效果。

第二节 传统康养的理论基础

中华民族拥有悠久的康养历史，经过几千年的实践和经验总结，我国的康养也形成了独特的理论基础。其中，康养的理论基础与传统中医药理论有多处重合，共同构成了中国传统医学和养生学的理论宝库。下面，仅就我国传统康养的理论进行概括介绍。

一、阴阳学说

阴阳学说是在气一元论的基础上建立起来的中国古代朴素的对立统一理论，属于中国古代唯物论和辩证法范畴，体现出中华民族辩证思维的特殊精神。其哲理玄奥，反映着宇宙的图式。其影响且远且大，成为人们行为义理的准则。如当今博得世界赞叹的《孙子兵法》是中国古代兵家理论和实战经验的总结，其将阴阳义理在军事行为中运用至极，已达到出神入化的境界。阴阳学说认为，世界是物质性的整体，宇宙间一切事物不仅其内部存在着阴阳的对立统一，而且其发生、发展和变化都是阴阳二气对立统一的结果。

养生学把阴阳学说应用于养生，促进了养生学理论体系的形成和发展，是理解和掌握养生学理论体系的一把钥匙。"明于阴阳，如惑之解，如醉之醒"（《灵枢·病传》），"设能明彻阴阳，则医理虽玄，思过半矣"（《景岳全书·传忠录·阴阳篇》）。同时，传统中医学也用阴阳学说阐明生命的起源和本质，人体的生理功能、病理变化，疾病的诊断和防治的根本规律，贯穿于中医的理、法、方、药等方面，长期以来，一直有效地指导着实践。

（一）阴阳的基本概念

阴阳学说是中国古代朴素的对立统一理论，是古人用以认识自然和解释自然的一种世界观和方法论。阴阳最初的含义是指日光的向背，即朝向日光者为阳、背向日光者为阴。在此基础上，认识到向阳的地方光明、温暖，背阳的地方黑暗、寒冷，于是阴阳出现了引申义——光明与黑暗、温暖与寒冷。随着古人遇到各种两极现象，不断引申阴阳之义。宇宙任何事物都包含着阴与阳相互对立的两方面：一般来说，凡是运动的、外在的、上升的、明亮的、温热的、兴奋的、机能亢进的都属于阳的范畴；凡是静止的、下降的、晦暗的、寒冷的、物质的、抑制的、机能减退的，都属于阴的范畴。

（二）阴阳学说的内容

就自然界而言，春夏为阳，秋冬为阴。夏季阳热盛，夏至以后阴气上升，制约炎热的阳气，天气渐凉；而冬季阴寒盛，冬至以后阳气随之升，制约严寒的阴气。人体内阴阳对立制约，相互依存，消长平衡，相互转化，处于动态平衡。如果阴阳双方中的任何一方过于亢盛或者不及，都会导致疾病的发生。疾病的发生，是人体阴阳平衡遭到破坏、出现阴阳偏盛偏衰的结果。尽管疾病的病理变化复杂多变，但都可以用阴阳的偏盛偏衰来概括。

（三）病理变化

《素问·阴阳应象大论》指出："阳盛则热，阴盛则寒。"阳盛则热是指阳邪亢盛而表现出热的病变。如外感暑热之邪，可出现高热、烦躁、大汗出、口渴、面红耳赤、舌红苔黄等表现，即所谓"阳盛则热"。由于阴阳的对立制约，阳邪亢盛必损阴液，故病人在出现热症的同时，必然出现口渴、小便短少等阴液耗伤的表现，即所谓"阳盛则阴病"。阴盛则寒，是指在病理变化过程中，阴邪亢盛而表现出寒的病变。如乘凉饮冷或外感寒邪，可造成机体内阴气偏盛，而出现面色苍白、舌淡苔白等寒症，所以说"阴盛则寒"。由于阴阳的对立制约，阴邪亢盛，必然损伤阳气，而出现形寒肢冷、小便清长、大便溏薄等伤阳的表现，即所谓"阴盛则阳病"。

《素问·调经论》说："阳虚则外寒，阴虚则内热。"阳虚不能制约阴，根据阴阳动态平衡理论，必然导致阴相对偏盛，而出现寒象。如机体阳气虚弱时，可出现面色苍白、畏寒肢冷、精神萎靡、喜静蜷卧、小便清长、大便溏薄、舌淡脉弱等症状，其性属虚寒，故亦称为"阳虚则寒"。阴虚则不能制约阳，根据阴阳动态平衡理论，必然导致阳相对偏盛，而出现热象。如机体阴液亏虚或久病耗伤阴液者，必将出现潮热盗汗、五心烦热、口干咽燥、小便短少、舌红苔少、脉象细数等虚热的症状，其性属虚热，故亦称为"阴虚则热"。

根据阴阳的消长理论分析可知，"阳虚则寒"属于阳消阴长；而"阴虚则热"则属于阴消阳长。其中以"消"为主，因"消"而"长"，"长"居其次。

（四）阴阳学说在康养中的应用

阴阳学说可以用于指导疾病的诊断，如望诊见脸上色泽鲜明者属阳，灰暗者属阴；闻诊听声音洪亮者属阳，低微断读者属阴。阴阳学说用于指导疾病的治疗和护理，如"阳盛则热"宜用寒凉药以制其阳，以寒治热；"阴盛则寒"宜用温热药以制其阴，以热治寒等。阴阳学说用于归纳药物性能时体现在，中药有寒、热、温、凉四气，温热药属于阳，寒凉药属于阴；治疗疾病，应根据病情的阴阳偏盛偏衰，结合药物的阴阳属性进行；阳盛热症，选用寒凉之药以清热；阴盛寒症，则选温热之药以驱寒；阴虚之虚热症，选凉润药物滋阴清热；阳虚之虚寒症，选温补药物壮阳散寒。阴阳学说还可以用于疾病的预防，如四季阴阳变化，养生之法也不同：春夏养阳，秋冬养阴。

二、五行学说

五行学说是中国古代一种朴素的唯物主义哲学思想，属于元素论的宇宙观，是一种朴素的普通系统论。五行学说认为，宇宙间的一切事物，都是由木、火、土、金、水五种物质元素所组成，自然界各种事物和现象的发展变化，都是这五种物质不断运动和相互作用的结果。天地万物的运动秩序都要受五行生克制化法则的统一支配。五行学说用木、火、土、金、水五种物质来说明世界万物的起源和多样性的统一。自然界的一切事物和现象都可按照木、火、土、金、水的性质和特点归纳为五个系统。五个系统乃至每个系统之中的事物和现象都存在一定的内在关系，从而形成了一种复杂的网络状态，即所谓"五行大系"。五行大系还寻求和规定人与自然的对应关系，统摄自然与人事。人在天中，天在人中，你中有我，我中有你，天人交相生胜。五行学说认为大千世界是一个"变动不居"的变化世界，宇宙是一个动态的宇宙。

五行学说是说明世界永恒运动的一种观念。一方面认为世界万物是由木、火、土、金、水五种基本物质所构成，对世界的本原做出了正确的回答；另一方面又认为任何事物都不是孤立的、静止的，而是在不断地相生、相克的运动之中维持着协调平衡。所以，五行学说不仅具有唯物观，而且含有丰富的辩证法思想，是中国古代用以认识宇宙，解释宇宙事物在发生发展过程中相互联系法则的一种学说。

传统养生学和传统中医学把五行学说应用于医学领域，以系统结构观点来观察人体，阐述人体局部与局部、局部与整体之间的有机联系，以及人体与外界环境的统一，加强了中医学整体观念的论证，使中医学所采用的整体系统方法进一步系统化，对中医学特有的理论体系的形成起到了巨大的推动作用，成为中医学理论体系的哲学基础之一和重要组成部分。随着中医学的发展，中医学的五行学说与哲学上的五行学说日趋分离，着重用五行互藏理论说明自然界多维、多层次无限可分的物质结构和属性，以及脏腑的相互关系，特别是人体五脏之中各兼五脏，即五脏互藏规律，揭示机体内部与外界环境的动态平衡的调节机制，阐明健康与疾病、疾病的诊断和防治的规律。

（一）五行学说的基本概念

"五"是指木、火、土、金、水五种物质；"行"指运动变化。"木、火、土、金、水"五种物质都有其独特的性质和作用。"木曰曲直"是指生长、升发、条达、舒畅等性质或作用；"火曰炎上"是指温热、上升、光阴等性质或作用；"土爰稼穑"是指生化、承载、受纳等性质或作用；"金曰从革"是指沉降、肃杀、收敛等性质或作用；"水曰润下"是指滋润、下行、寒凉、闭藏等性质或作用。

（二）五行学说的内容

五行相生是指一事物对另一事物具有滋生、助长、促进的作用，指木、火、土、金、水之间递相滋生、助长、促进的关系。五行相生的次序是木生火、火生土、土生金、金生水、水生木。五行相克是指一事物对另一事物具有制约、抑制的作用，指木、火、土、金、水之间递相制约、抑制的关系。五行相克的次序是木克土、土克水、水克火、火克金、金克木。五行制约是指五行间既相互滋生又相互制约，维持平衡协调，推动事物间稳定有序地发展。

（三）五行学说在康养中的应用

五行学说用五行属性来概括五脏的生理特性。五脏归属五行：肝属木，心属火，脾属土，肺属金，肾属水。五行学说还用生克制化理论来解释脏腑之间的生理关系和内在联系。脾土化生水谷精微以充肺金，土生金；肾水之精以养肝木，水生木。肝气条达以疏泄脾土的瘀滞，即木克土；肾水的滋润以防止心火的亢烈，即水克火。五行学说也可以说明五脏病变的相互影响以及疾病的诊断与治疗。母病及子，如肾病及肝；相克太过，肝病传脾，即木乘土。面见青色，喜食酸味，为肝病；培土生金法，即补脾益气而达到补益肺气。

三、藏象学说

（一）藏象的概念

藏，是指藏于体内的内脏。象，是指表现于外的生理、病理现象。藏象学说，即是通过对人体生理、病理现象的观察，研究人体各个脏腑的生理功能、病理变化及其相互关系的学说。五脏是心、肝、脾、肺、肾五个内脏的总称。六腑是胆、胃、大肠、小肠、膀胱、三焦的总称。奇恒之腑是脑、髓、骨、脉、胆、女子胞的总称。

（二）五脏六腑共同生理特点

五脏的共同生理特点是化生和储藏精气。六腑的共同生理特点是受盛和传化水谷。奇恒之腑，指这一类腑的形态及其生理功能均异于"六腑"，不与水谷直接接触，而是一个相对密闭的组织器官，并且还具有类似于脏的储藏精气的作用。

（三）心的基本内容

1. 心的概念

心居于胸腔处，位于人体上焦，隔膜之上，前正中线左侧 2/3，右侧 1/3，圆而尖长，形似倒垂的未开莲蕊，心尖搏动在左乳下，有心包卫护于外，称为"阳中之阳之脏"，又称"君王之官"。心在五行属火，起着主宰生命活动的作用。心的主要生理功能主要有两种，一是主血脉，二是主神志。心开窍于舌，在体合脉，其华在面，在志为喜，在液为汗。

2. 心的生理功能

心主血脉，包括主血和主脉两个方面。全身的血都在脉中运行，依赖于心脏的搏动而输送到全身，发挥其濡养的作用。血液的正常运行，必须以血气充沛、血液充盈、脉道通利为最基本的前提条件。心脏推动血液在脉内循环运行，血液运载着营养物质以供养全身，使五脏六腑、四肢百骸、形体官窍都获得充分的营养，维持其正常的生理活动。饮食水谷通过胃的受纳、脾的运化而化为水谷精微，依赖脾的升清散精作用，上输给心肺，在肺吐故纳新之后，贯注心脉，变化而赤，成为血液。

心主神志，即是心主神明。广义的神，是指整个人体生命活动的外在表现；狭义的神，即是心所主之神志，是指人的精神、意识、思维活动。

3. 心的生理特性

夏主火，心亦属火。心为五脏六腑之大主，为阳中之大阳，以阳气为用。心的阳气具有温煦和推动作用，能维持人体正常的血液循环，并使心神振奋，进而维持人的生命活动，使之生机不息。心的阳热之气，不仅维持了心脏本身的生理功能，而且对全身具有温养作用。凡脾胃的腐熟和运化水谷、肾阳之温煦和蒸腾汽化，以及全身的水液代谢、汗液排泄的调节，均有赖于心的阳气温煦和推动作用。

四、气血津液学说

（一）气的内容

1. 气的基本概念

在养生学中，气是构成人体最基本的物质，也是维持人体生命活动最基本的物质。人是天地自然的产物，《黄帝内经》中将人生活的场所称为"气交"，"气交"是下降的"天气"和上升的"地气"相互交汇的地方。人既然生活在"气交"之中，就必然和天地万物一样，都是由气构成的，并且是气体中最精微的部分构成了人体。人体之气是维持人体生命活动的物质基础，其运动变化也就是人体的生命活动。气聚则生，气散则死。

2. 气的生成

构成人体和维持人体生命活动的气，一是来源于父母生殖之精，即构成人体胚胎发育原始物质的先天之精；二是来源于从后天吸入的饮食中的营养物质和存于自然界的清气。

3. 气的运动

气的运动称为气机，包括升、降、出、入四种基本形式。气的运动是有规律的，相对平衡协调才能发挥其维持人体生命活动的作用，这种生理状态称为"气机调畅"，如气机失调，就会出现各种病理现象。由于气的运动形式多样，故"气机失调"的形式也很复杂，如气的上升运动太过，称"气逆"；气的运动受阻，在局部发生瘀滞，称"气滞"；气的出入运动受阻郁结在内，称"气郁"。如平时听得比较多的"肝气郁结"，那是因为肝气原本是上升、疏散的，一旦肝气的运动受阻，瘀滞不通，就会出现嗳气、喜叹息、肝区疼痛等"肝气郁结"的表现。

4. 气的生理功能

推动作用——气是活力很强的精微物质，具有推动和激发人体生长发育以及各脏腑经络的生理功能,并且推动血液的生成、运行,以及津液的生成、输布、排泄。当此作用减退时,则影响人体的生长、发育或出现早衰,各脏腑经络生理功能减退,血和津液生成不足,输布和排泄受阻等。

温煦作用——主要是讲阳气能产生热量,有温煦人体的作用。人体各脏腑经络的生理活动需要气的温煦作用来维持;血和津液都是液体,均需要气的温煦才能正常运行。阳气越多,产热越多,故有"气有余便是火,气不足便是寒"的说法。

防御作用——气有维护肌肤、防御邪气的作用,与现代医学的防御屏障相关联。气的防御功能强,人体不易发病。

固摄作用——主要是统摄和控制体内的液体,不使其无故流失。它可以防止血液溢出脉外,保证血液在脉中正常运行。

气化作用——通过气的运动产生各种变化,其实就是气、血、津液各自的新陈代谢及其相互转化,即是物质和能量转化的过程。

营养作用——气与各种营养物质结合,运行到全身发挥营养作用,是人体生命活动的原动力。

(二)血的内容

1. 血的基本概念

血指循行于脉中,极富有营养的红色的液体样物质,是构成人体和维持人体生命活动的基本物质之一。气和血是构成人体和维持人体生命活动的两大基本物质,血无气不行,气非血不载,故又常气血并称。

2. 血的生成

血主要由营气和津液组成。营气和津液都是来自脾胃所化生的水谷精微物质。《内经·灵枢》中说"中焦受气取汁,变化而赤,是谓血",是指脾胃(中焦)将摄入的饮食物化生血液的功能。总之,血液是以水谷精微化生的营气和津液为主要物质基础,再以脾胃为主,配合心肝肾等脏腑的综合作用而生成的。

3. 血的功能

血具有很强的营养和滋润作用。血液在脉中运行，内至脏腑，外达皮肉筋骨，对全身各脏腑组织器官起着营养和滋润作用，以维持正常的生理功能。且血是机体精神活动的主要物质基础。

4. 血的运行

血通过血管运行到达全身，为全身脏腑器官提供营养。血，属阴主静，需要气的推动作用才能运行至全身，同时也需要气的固摄作用，防止在运行当中溢出血管外。血液能否正常运行，取决于气的推动和固摄作用之间的协调平衡和血管是否通利。如果以上因素失调，就会导致血液运行失常，出现运行速度异常，或导致出血。

（三）津液的内容

1. 津液的基本概念

津液，是机体一切正常水液的总称，包括各脏腑组织器官的内在体液及其正常的分泌物，如胃液、肠液、涕、泪等，同样也是构成人体和维持人体生命活动的基本物质。

津液其实是津和液两个概念，虽同属水液，都来源于水谷精微物质，但根据其性状、功能、分布部位不同，会有一定的区别。一般，性质较清稀，流动性较大，分布于体表皮肤、肌肉和孔窍，并能渗注到血管中，起滋润作用的，称为津；性质较稠厚，流动性较小，灌注于骨关节、脏腑、脑、髓等组织，起濡养作用的，称为液；但因津和液是可相互转化的，故津和液常同时并称。

2. 津液的生成、输布和排泄

津液来源于饮食物，通过脾胃的运化功能化生而成。津液的输布和排泄主要是通过脾的转输、肺的宣降和肾的蒸腾汽化来完成。通过脾的转输，一方面将津液输送到全身；另一方面，将津液往上输送到肺。肺对津液的输送和排泄，主要是通过宣发和肃降发挥功能。通过肺的宣发作用，将津液向外向上布散到全身，并将多余的转化成汗液排出。通过肺的肃降作用，向下输送到肾和膀胱，多余的部分形成尿液排出。肾所藏的精气是机体生命活动的原动力，也是气化作用的原动力。通过肾脏精气的蒸腾汽化作用，将有用的部分布散到全身，将代谢废物排出体外。

3. 津液的功能

津液具有滋润和濡养作用。主要体现于渗入各脏腑器官孔窍，起滋润和濡养作用。布散于肌表的津液具有滋润皮毛肌肤的作用，使之丰润光泽；流注于孔窍的津液具有滋润和保护眼、鼻、口等孔窍作用；渗入于血脉的津液具有充养和滑利血脉的作用，且是组成血脉的基本物质；注入内脏组织器官的津液具有滋养和滋润各脏腑组织器官的作用；渗入于骨的津液具有充养和濡润骨髓、脊髓和脑髓等的作用；注入关节的津液，能滑利、润滑关节。津液还可以调节机体阴阳平衡，是气的载体，能够载气循行全身。

（四）气和血的关系

1. 气能生血

血液的主要成分营气和津液，都是来自脾胃所运化的水谷精微物质。由饮食物转化成水谷精微，再由水谷精微转化成营气和津液，再由营气和津液转化成血液，均离不开气的运动变化。气旺则化生血液的功能也强，故在治疗血虚病症时，应配伍补气药。

2. 气能行血

血属阴主静，气属阳主动，血液的运行有赖于气的推动，气行则血行，气滞则血淤。如果气的运行失常，就会导致血行异常，故在临床治疗时常配伍补气、行气、降气药。

3. 气能摄血

血液能在血脉中运行而不溢出脉外，主要是依赖气的固摄功能。临床上治疗因气虚导致的出血病症，常配伍补气药。

4. 血为气之母

血是气的载体，并为气提供充分的营养。气是活力很强的物质，容易逸脱，因此要依附于血和津液才能在体内存在。如果气失去依附，就会浮散无根而出现气脱现象。所以血虚气亦虚，血脱气亦脱，在治疗上多用益气固脱之法。

（五）气和津液的关系

1. 气能生津

津液的生成，来源于摄入的饮食物，有赖于胃的"游溢精气"和脾的运化水谷精微，脾胃的生理功能依赖于气的功能。

2. 气能行（化）津

津液的输布及其化为汗、尿等排出体外，全赖气的升降出入运动。

3. 气能摄精

气可以控制、调节津液的排泄，一则维持体内津液量的相对恒定，二则防止津液无故丢失。

（六）血和津液的关系

血和津液，都是液态物质，都具滋润和濡养作用，都来源于水谷精微物质，故有"津血同源"之说。并且津液渗入血脉中，就成了血液的组成部分。

在病理上，如果失血过多，血管外的津液可渗入血管中，补充血液容量；同时由于血管外的津液大量渗入血管内，则会导致津液不足，出现口渴、尿少、皮肤干燥等。反之，则可见血脉空虚、津枯血燥之象。所以对于失血患者，不能使用发汗、利尿等使津液耗损的方法；同样，对津液亏损患者不能使用破血等方法。

血液是构成人体和维持人体生命活动的基本物质之一，它含有人体所需要的各种营养物质，对全身各脏腑组织起着营养作用。如果由于各种原因引起气血亏虚则可出现一系列的病症。主要可归纳为脏腑失于濡养、血不载气两方面引起的病症。脏腑失于濡养，一般表现为面色苍白、唇色爪甲淡白无华、头晕目眩、肢体麻木、筋脉拘挛、心悸怔忡、失眠多梦、皮肤干燥、头发枯焦，以及大便燥结、小便不利。

第五章 风景园林康养的理论基础与意义

第一节 风景园林康养的起源与演变

一、起源背景

风景园林康养的起源深深根植于丰富多元的文化背景和社会环境。在探讨其起源背景时，我们需要回溯到历史的长河，深入挖掘那些激发了风景园林康养概念的文化元素和社会动力。

（一）文化背景

风景园林康养的文化背景源远流长，受各种传统文化的影响。这包括但不限于传统艺术、文学、哲学等。例如，中国古代的园林艺术，如苏州园林，强调自然之美和人与自然的和谐。这些传统艺术形式在康养理念的形成中扮演着重要角色，为人们提供了在自然中寻找平静和康复的途径。

中国古代的园林艺术注重通过景观的布局、植被的选择和建筑的设计来营造一种和谐的自然环境。苏州园林以其精致而富有意境的布局而闻名，强调自然之美和人与自然的和谐共生。这种强调自然之美的传统思想在风景园林康养中得到了继承和发展。

园林艺术中的一些基本理念，不仅影响了园林设计，也渗透到了康养理念的形成中。这些理念强调人与自然的亲密关系，提倡平和宽容的心态，为风景园林康养注入了深厚的人文内涵。

另外，传统文学和哲学也在风景园林康养的形成中发挥了关键作用。古代文人通过诗歌、散文等表达对自然之美和宇宙奥秘的感悟。这些作品不仅是文学的表达，同时也是一种对自然的敬畏和沉思。这些文学作品的影响渗透到风景园林康养理念中，强调通过沉浸于自然中寻找平静和愈合的体验。

综合而言，中国古代的园林艺术、文学和哲学形成了丰富的文化底蕴，为风景园林康养的起源和演变提供了深刻的思想基础。这些传统文化元素在今天的风景园林康养实践中仍然具有重要的指导意义，为人们提供了与自然和谐互动的路径。

（二）社会环境

社会环境的变迁也对风景园林康养的起源产生了深远的影响。随着城市化和现代生活节奏的加快，人们逐渐感受到自然与健康之间的断裂。这种断裂感催生了对风景园林康养的需求。人们开始意识到，通过与自然亲近，他们可以缓解压力、改善健康状况并找回心灵的平静。

城市化的进程促进了工业的发展、高楼大厦的崛起，以及繁忙的生活节奏。在这种高度城市化的环境中，人们与大自然的联系变得疏远，城市中的混乱和紧张影响了个体的心理健康。这引发了人对自然和平静空间的渴望，人们开始认识到需要寻找一种方式来缓解压力、改善健康状况，并寻找内心的平静。

随着现代医学和心理学的发展，人们对自然环境对身心健康的积极影响有了更深入的了解。研究表明，自然环境可以降低压力水平、提高注意力集中、改善情绪状态，并对身体健康产生积极影响。这些科学发现加强了人们对风景园林康养的兴趣和信心。

另外，随着社会的发展，人们的健康意识逐渐增强，人们开始认识到生活质量不仅仅依靠物质丰富，还与心理健康和生态平衡密切相关。这种意识的提升使得风景园林康养逐渐成为一种受欢迎的健康管理方式。城市规划中的绿地、公园等自然空间的重要性得到了强调，政府和社会开始投入更多资源来提升城市绿化水平，以满足人们对自然康养的需求。

总体而言，社会环境的变迁使人们认识到自然与健康之间的紧密联系，推动了对风景园林康养的需求。这种需求不仅源于对身体健康的关注，还包括对心灵平静和生活质量的渴望，促使风景园林康养成为现代社会中备受关注的健康理念。

二、起源过程

风景园林康养并非一蹴而就，它经历了一个漫长而复杂的起源过程。这个过程既受到具体历史事件的推动，也受到个体和社会认知的影响。

（一）初始阶段

在社会发展的初始阶段，人们可能并未明确意识到风景园林的康养潜力。然而，一些古老的庭园和自然景观可能已经在潜移默化中为人们提供了一种疗愈和舒缓的环境。这个阶段可以看作是康养理念在潜意识中的培育期。

古代，许多文化中的贵族和富有阶层拥有私人庭园，这些庭园不仅仅是美丽的景观，更是一种疗愈的场所。这些庭园可能包括优美的花草、宁静的水池以及精心设计的建筑，创造出一个宜人的环境，使人们能够逃离城市喧嚣，沉浸于自然之中。

古代人们对自然的敬畏和对身心健康的关注使得一些庭园成为寻求平静和康复的场所。这种寻求在潜意识中的渴望可能推动了人们在自然环境中寻找安宁和治愈的愿望。虽然在那个时代康养概念并未被正式定义，但人们已经开始在自然中寻找疗愈的力量。

同时，一些古老的自然景观，如山脉、湖泊、森林等，也为人们提供了宁静和舒缓的环境。人们或许并未明确将这些地方与康养联系起来，但它们在无形中已经成为一种潜在的疗愈场所。在这些自然景观中漫步，欣赏大自然的美丽，可能成为人们缓解压力、找到内心平静的途径。

因此，起源阶段可以被视为康养理念在潜意识中的培育期。古老的庭园和自然景观为人们提供了一种与自然亲近的体验，为后来康养理念的发展打下了基础。这个阶段虽然未能明确表达康养概念，但却在人类心灵深处播下了与自然和谐相处的种子。

（二）发展历程

随着时间的推移，社会对健康和生活质量的关注不断增加，风景园林康养逐渐受到重视。可能有一系列事件、理论的提出或者社会变革，推动了风景园林康养理念的发展。这个过程中可能涉及专业知识的积累、科学研究的推动，以及社会观念的演进。

首先，一些重要的事件可能在发展历程中发挥了关键作用。这包括一些重要的健康危机、自然灾害或社会变革，使人们更加关注健康和心理福祉。这些事件可能成为触发风景园林康养理念发展的契机，促使人们重新审视与自然互动的重要性。

同时，一些理论的提出也对风景园林康养的发展产生了深远影响。可能有一些学者或专业人士提出了关于自然环境对人类健康的积极影响的理论，强调自然对心理和生理的积极作用。这些理论为风景园林康养的概念提供了科学支持，促使其在学术界和社会中受到更多的关注。

科学研究在风景园林康养发展中扮演着至关重要的角色。随着科技的进步，人们能够更深入地研究自然环境对人类健康的影响。心理学、医学和生态学等领域的研究为风景园林康养提供了更具体的数据和证据，使其得以在实践中被更为广泛地应用。

社会观念的演进也是风景园林康养发展的重要方面。随着人们对健康和生活质量的认知不断提升，康养理念逐渐被看作是一种综合性的健康管理方式。社会对自然环境的重视，以及对压力缓解、心理愈合的需求推动了风景园林康养在社会中的认可和应用。

总体而言，风景园林康养的发展历程是一个多元而复杂的过程，受到多方面因素的影响。从实践、理论的提出到科学研究和社会观念的演进，这一演变过程逐渐使风景园林康养从起源阶段发展为备受重视的健康理念。

三、演变历程

在风景园林康养的演变历程中，各种关键时期和影响因素都对其产生了深刻的影响。理解这一演变历程有助于我们更全面地把握风景园林康养的本质和意义。

（一）关键时期

在风景园林康养的发展历程中，不同的历史时期可能会成为关键时期，受政治、经济、文化等多方面因素的影响，从而引发康养理念的重要变革。

1. 古代时期

古代，尤其是在一些古老文明的时代，风景园林康养可能受到统治者的赞助和支持。统治者可能通过建设宫廷庭园来彰显自己的权威，并将庭园作为宴会和文化活动的场所。这一时期康养的理念初步形成，作为统治者表达权力和提升文化形象的手段。

2. 文艺复兴时期

文艺复兴时期是欧洲历史上的一个重要时期，艺术、文学、科学等领域出现了巨大的变革。在这一时期，人们对自然的热爱和对人文主义思想的追求成为潮流。园林艺术与康养理念可能在这个时期得到了进一步的发展，强调个体与自然的和谐关系，以及通过自然环境的塑造来促进身心健康。

3. 工业革命时期

工业革命带来了城市化和现代化的浪潮，但同时也伴随着人们对自然的疏离和环境污染。这一时期，人们开始感受到城市生活对健康的负面影响，推动了对自然环境的重新关注。关键时期可能包括一些城市规划的变革，强调绿地和公共空间的重要性，以满足人们对康养的需求。

4. 20世纪后期至21世纪

随着现代医学和心理学的发展，人们对自然环境对身心健康的积极影响有了更深入的认识。这一时期见证了一系列科学研究的推动，证实了自然环境对压力缓解、情绪改善等方面的益处。社会对健康的关注也日益增加，使得风景园林康养成为一种备受重视的健康理念。

5. 当代时期

当前，全球范围内的环境问题和健康危机，如气候变化和大流行病，再次引起了人们对风景园林康养的重新思考。人们更加强调与自然和谐相处的重要性，将康养理念与可持续发展、生态保护等方面相结合，形成更为综合和深化的康养概念。

在这些关键时期，风景园林康养可能会经历调整和深化，以适应社会、文化和环境的变迁。这些时期的变革对康养理念的塑造和演变产生了深刻的影响，使其得以不断适应不同时代的需求。

（二）影响因素

风景园林康养的演变受多种因素的交织影响，这些因素相互作用，共同推动了康养理念的不断发展。

1. 医学进步

医学的不断进步为风景园林康养提供了科学支持。随着社会对身心健康关系的深入研究，医学界逐渐认识到自然环境对人类健康的积极影响。医学研究的成果为康养理念提供了更具体、更可信的证据，使其在医学领域得到了更广泛的认可和应用。

2. 社会观念的变迁

社会观念的演变也对康养理念产生了深刻影响。随着人们对健康、生活质量和心理福祉的关注不断提升,康养理念逐渐成为社会认可的健康管理方式。人们对自然和心理健康的重视推动了风景园林康养在社会中的普及和推广。

3. 科技发展

科技的快速发展为风景园林康养提供了新的可能性。虚拟现实、智能技术等科技手段被应用于康养环境的设计和体验,使人们可以在虚拟世界中感受到自然的美好。科技创新为提升康养体验和个性化定制提供了有力支持。

4. 环境意识的提升

随着环境问题的日益凸显,人们对自然环境的重要性有了更深刻的认识。康养理念与环保、生态平衡的结合越来越受到关注,推动了可持续康养的发展。人们开始将康养与自然保护、生态可持续性相结合,形成更综合、更全面的康养理念。

5. 经济状况和生活方式的改变

随着经济水平的提高和生活方式的改变,人们对生活品质的追求不再仅局限于物质层面,而是更多地上升到精神层面。这种变化推动了康养理念的发展,使其成为现代人生活中的一部分,强调身心健康的全面性。

6. 文化交流与融合

全球文化的交流与融合也影响了风景园林康养的发展。不同文化对自然和健康的理解方式各异,文化之间的互相学习和影响促使康养理念更加多元化和开放,吸收各种文化元素,形成丰富多样的康养实践。

综合而言,医学进步、社会观念的变迁、科技发展、环境意识的提升、经济状况和生活方式的改变以及文化交流与融合等因素共同作用、推动了风景园林康养理念的不断演变和丰富发展。这些因素相互交织,为康养理念的全面发展提供了多方面的支持和动力。

第二节　风景园林康养的理论框架

一、核心理论

（一）主要理论观点

风景园林康养的核心理论涵盖了一系列主要观点，这些观点构成了康养理念的基础。主要理论观点包括对自然疗愈效应的认识、环境心理学的应用等。通过深入挖掘这些观点，我们可以更好地理解风景园林康养的理论体系。

1. 自然疗愈效应

核心观点之一是自然疗愈效应，即自然环境对人体生理和心理的积极影响。研究表明，自然景观可以降低压力水平、改善心理健康、提高注意力集中程度等。这一观点强调自然环境具有疗愈和调节情绪的潜力，成为风景园林康养的基石。

2. 环境心理学的应用

环境心理学是另一个重要的理论观点，这一观点强调人与环境之间的相互关系。康养环境的设计需要考虑人们的心理需求，通过创造恰当的自然环境来促进人的身心健康。这包括景观设计、绿地规划等方面的应用，以最大限度地发挥自然环境对人的正面影响。

3. 绿色锻炼

绿色锻炼理论认为，人在自然环境中进行体育锻炼对身心健康的影响更为显著。户外运动与自然相结合，不仅有助于锻炼身体，还能增强心理健康。这一观点强调了自然环境对体育活动的积极影响，提倡在自然中进行锻炼以获取更多康养效益。

4. 生态心理学

生态心理学强调人类与自然环境的紧密联系,认为人们的心理健康与自然的平衡状态密切相关。通过建立良好的自然环境,促使个体与自然更加和谐相处,实现生态平衡。这一观点将康养与生态保护有机结合,提倡可持续的康养实践。

5. 意义赋予

意义赋予理论认为人们对环境的感知和体验是主观的,通过赋予环境以个人意义,可以增强康养效果。这强调了个体对环境的主观体验,认为通过赋予环境意义,可以更好地激发康养的正面效应。

6. 社会支持

社会支持理论认为,社交关系和社会支持对个体的健康至关重要。在风景园林康养中,创造社交空间和支持网络,有助于提高个体的心理抗压能力,促进康养效果。

这些主要理论观点共同构成了风景园林康养的理论体系,为康养实践提供了科学、综合的指导原则。通过深入理解这些观点,我们能更好地认识风景园林康养的本质,为设计和实施康养项目提供有益的指导。

(二)理论发展方向

风景园林康养理论并非静止不变的,它随着科学研究、实践经验的积累而不断发展。理论的发展方向可能涉及新的科学发现、社会需求的变化以及跨学科研究的融合。了解理论的发展方向有助于把握康养领域的前沿动态。风景园林康养理论发展方向是一个不断演进的过程,受多方面因素的影响。以下是一些可能影响康养理论发展方向的关键方面。

1. 科学研究的深化

随着科技的不断进步,研究者对人类与自然互动的影响的科学研究也将不断深化。新的神经科学、心理学、生态学等领域的发现可能会为康养理论提供更多的实证支持和深层次的理解。例如，对大脑对自然刺激的生理反应的研究，以及自然环境对认知功能的具体影响等方面的研究可能推动康养理论向更为精细的层面发展。

2. 跨学科融合

康养领域本身是一个跨学科的领域，将心理学、医学、生态学、设计学等多个学科融合在一起。未来的理论发展会更加强调不同学科之间的融合与协同，以更全面、多维度地理解和实践康养。跨学科研究有望提供更多综合性的康养策略和理论基础。

3. 社会文化变迁

社会的价值观和文化观念的变化也将影响康养理论的发展方向。随着社会对健康、环境保护和生活质量认知的不断升级，康养理论会更加注重可持续性、包容性，将社会文化因素纳入更广泛的考虑范围。

4. 技术创新的应用

未来的康养理论发展可能会受到技术创新的推动。虚拟现实、人工智能、生物反馈等技术的应用可能为康养提供新的可能性。例如，利用虚拟现实技术打造更丰富、多样化的康养体验，或者通过智能设备监测和提供个体化的康养服务。

5. 全球性问题的关注

全球性问题，如气候变化、环境污染等，也将引起社会对康养理论的关注。未来的康养理论发展可能更加紧密地与环境可持续性、生态平衡等全球性问题相关联，提出更具有全球意义的康养理念。

总体而言，风景园林康养理论发展方向将受多方面因素的综合影响。跨学科融合、科学研究深化、社会文化变革、技术创新应用以及全球性问题的关注将共同推动康养理论不断向前发展，以更好地满足不断变化的社会需求。

二、关键概念

在风景园林康养理论框架中,一些重要的定义对于理解康养概念至关重要。这涉及对康养、自然疗愈、精神健康等关键概念的明确定义,以便为研究和实践提供清晰的基础。在风景园林康养理论框架中,一些重要的定义对于理解康养概念至关重要。以下是一些关键概念的重要定义。

1. 康养

康养是指通过自然环境和景观来促进身心健康、提高生活质量的过程。康养的核心在于利用自然的疗愈力量,通过设计和体验自然环境,达到缓解压力、提升情绪、促进康复的目的。康养强调人与自然的和谐互动,是一种综合性的健康管理理念。

2. 自然疗愈效应

自然疗愈效应指在自然环境中,个体身心得到愈合和恢复的现象。这包括自然环境对于降低压力、提高注意力、改善情绪等方面的积极影响。自然疗愈效应是康养实践的基础,强调人们与自然相互作用对健康的正面影响。

3. 精神健康

精神健康是指个体在心理、情感和社会层面的健康状态。在风景园林康养中,精神健康不仅关注心理疾病的预防和治疗,还强调积极的心理幸福感、情感平衡和社交健康。自然环境被认为对精神健康有积极的影响。

4. 环境心理学

环境心理学是研究人与环境相互关系的学科,关注人类在特定环境中的感知、情感和行为。在风景园林康养中,环境心理学的应用包括对自然环境设计如何影响个体心理状态的研究,以及通过环境塑造来促进身心健康。

5. 绿色锻炼

绿色锻炼是指在自然环境中进行的体育锻炼。这一概念强调户外运动与自然相结合的益处,认为人在自然中进行锻炼不仅对身体健康有益,还可以增强心理健康,是康养的一种重要方式。

6. 社会支持网络

社会支持网络是指个体在社会中所拥有的支持体系,包括家庭、朋友、社区等。在风景园林康养中,创造社交空间和支持网络被认为是促进个体康养的重要因素。社会支持可以提高心理抗压能力,增强康养效果。

这些重要定义为风景园林康养的理论框架提供了清晰的基础,有助于研究者和实践者更好地理解康养概念及其实施原则。

三、理论体系

(一)构建要素

风景园林康养理论体系是由多个构建要素相互交织而成的,这些要素共同构成了一个综合而完整的理论框架。以下是构建风景园林康养理论体系的主要要素。

1. 理论基础

理论基础是康养理论体系的核心,包括自然疗愈效应、环境心理学、生态心理学等相关理论。这些理论为康养提供了科学基础,揭示了自然环境对人体生理和心理的积极影响,以及环境与个体心理状态之间的相互关系。

2. 实践经验

实践经验是康养理论的实证支持,通过实际项目的设计和实施,积累了大量的实践经验。这些经验包括成功的康养园林项目、康养活动的组织与实施等,为理论提供了实际经验和可行性参考。

3. 科学研究

科学研究是康养理论不断发展的推动力量。通过心理学、医学、生态学等领域的研究,不断深化对自然环境对人体生理和心理影响的认识。科学研究成果为康养理论的演进提供了新的视角和理论支持。

4. 社会文化

社会文化因素对康养理论的塑造和发展起着重要作用。不同文化背景、社会价值观念会影响康养理论的侧重点和应用方式。因此，考虑社会文化因素有助于理论更好地适应不同社会背景。

5. 环境设计

环境设计是将康养理论付诸实践的关键要素。通过景观设计、绿地规划等手段，创造出有益于身心健康的康养环境。环境设计要素包括景观特征、绿植配置、休憩设施等，这些都能最大限度地激发自然环境对个体的正面影响。

6. 教育与传播

康养理论需要通过教育与传播得以推广和应用。相关的教育项目、康养知识的传播以及社会意识的提高都是构建康养理论体系的重要因素。通过教育和传播，可以促使更多人了解和认同康养理念。

7. 可持续性考量

在构建康养理论体系时，需要考虑可持续性因素，包括对自然资源的保护、生态平衡的维护，以及社会经济的可持续发展。这确保了康养实践在长期内对个体和社会都是积极可持续的。

这些构建要素相互作用，共同为风景园林康养理论体系提供了坚实的基础，为实践提供了指导原则。通过深入理解这些要素，人们可以更好地把握风景园林康养理论框架的内涵。

（二）体系结构

理论体系的结构对理解整个风景园林康养理论框架的组织和层次关系至关重要。体系结构涉及各个层面的相互关联，形成一个有机整体。通过分析体系结构，可以更好地理解康养理论的内在逻辑。风景园林康养的理论体系具有多层次的体系结构，涉及理论基础、实践经验、科学研究等多个层面的相互关联。以下是风景园林康养理论的体系结构主要层次。

1. 核心理论基础层

核心理论基础层是整个康养理论体系的基础，包括康养的定义、自然疗愈效应、环境心理学等相关理论。这一层次解释了自然环境如何对人体产生积极的影响，以及人与自然相互作用的机制。康养的核心概念在这一层次得到明确诠释，为后续理论的构建提供基础。

2. 实践经验与案例层

实践经验与案例层是通过实际康养项目的设计和实施积累起来的层次。这包括成功的康养园林项目、康养活动的组织与实施等实践经验。通过案例分析，可以了解不同实践中的成功经验和教训，为理论提供实证支持和实际可行性的参考。

3. 科学研究与数据支持层

科学研究与数据支持层通过心理学、医学、生态学等领域的研究提供理论的科学基础。这一层次的研究为理论提供了更深层次的解释和支持，通过实证数据验证康养理论的有效性。科学研究层次与核心理论基础相互交叉，形成理论体系的科学根基。

4. 社会文化与教育层

社会文化与教育层涉及康养理论在社会中的应用和推广。这一层次考虑了不同文化背景、社会价值观念对康养理论的影响，同时通过教育和传播促使更多人了解和认同康养理念。社会文化与教育层次为康养理论在社会中的可持续发展提供了支持。

5. 环境设计与可持续性层

环境设计与可持续性层是将康养理论付诸实践的关键层次。通过景观设计、绿地规划等手段，创造出有益于身心健康的康养环境。这一层次还考虑了环境设计的可持续性，包括对自然资源的保护、生态平衡的维护等因素。

这些层次相互交织，形成了一个有机整体的理论体系。理论基础为实践经验和科学研究提供了指导，而社会文化和环境设计层次则为康养理论在社会中的应用提供了实践基础。这种体系结构有助于更好地理解康养理论的内在逻辑和层次关系。

第三节 风景园林康养在现代社会中的重要性

一、社会需求

（一）当前需求分析

分析当前社会需求是理解风景园林康养在现代社会中的重要性的关键一步。这包括人们对自然和健康的渴望，以及现代生活给人们带来的压力和健康问题。深入了解当前需求有助于更好地定位康养项目的实际需求。

1. 健康压力

现代社会生活节奏快、工作压力大，人们可能面临各种健康问题，包括心理健康和生理健康方面的压力。了解这些压力有助于设计康养项目以满足人们的身心健康需求。

2. 自然亲近的渴望

人们在都市化的环境中可能渴望与自然亲近，远离城市的喧嚣。对自然环境的渴望使得风景园林康养成为提供自然疗愈效应的理想选择。分析人们对自然的渴望有助于设计更符合人们期望的康养环境。

3. 心理健康关注

随着对心理健康重视程度的增加，人们对心理健康问题的关注也在提升。风景园林康养通过提供宁静、和谐的自然环境，有望缓解焦虑、抑郁等心理健康问题。了解这些关注有助于精准满足个体的心理健康需求。

4.健康生活方式

现代社会对健康生活方式的追求使得人们更加关注身心平衡、身体锻炼和食物营养。风景园林康养可以提供绿色锻炼的机会，促进健康生活方式的形成。分析人们对健康生活方式的需求有助于定制康养方案。

5.社交与人际关系

社交支持网络对个体的心理健康至关重要。了解人们对社交和人际关系的需求，可以帮助设计康养项目，创造有利于社交互动的环境，提升社会支持的作用。

6.生态环保关切

现代社会对生态环保的关切逐渐增加，人们更注重可持续性的生活方式。风景园林康养项目需要考虑环境友好的设计，符合社会对生态平衡的期望。

通过深入了解当前社会的需求，可以更好地定位和设计风景园林康养项目，使其更符合人们的实际需求，为人们提供更有效的身心健康支持。

（二）未来趋势预测

未来社会的发展趋势对风景园林康养的规划和发展具有重要影响。可能的趋势包括城市化进程、健康意识的提升、老龄化社会等。通过对未来趋势的预测，可以更好地规划和适应康养项目。

1.城市化进程加速

未来社会可能继续经历城市化的加速进程。城市化带来的高密度、高压力的城市生活可能进一步强调人们对自然和宁静环境的渴望。风景园林康养项目可能需要更多地融入城市规划，提供城市中的绿色康养空间。

2.健康意识持续提升

随着健康意识的不断提升，人们对身心健康的关注可能成为未来的主流。风景园林康养作为一种综合性的身心健康促进方式，有望受到更多关注。未来的康养项目会更注重整体健康和预防保健。

3. 老龄化社会挑战

社会老龄化趋势将增加对康养服务的需求。未来的风景园林康养可能需要更多考虑老年人的需求，提供适应老龄化社会的康养环境和服务，包括适老化设计、老年人群体的康养活动等。

4. 数字科技融合

未来数字科技的不断发展将对康养领域产生影响。虚拟现实、增强现实等技术可能用于提升康养体验，创造更丰富的环境。同时，数字科技也可用于康养项目的管理和个性化服务。

5. 生态可持续发展

社会对生态可持续发展的关切将继续增加。未来的风景园林康养项目可能更注重生态环保，采用可持续性设计，以符合社会对绿色生活和环境可持续性的期望。

6. 全球化影响

全球化趋势可能导致文化交流和融合，影响康养项目的多样性。未来的康养项目可能更加多元化，吸收不同文化元素，以满足不同群体的需求。

通过对未来趋势的预测，可以更好地规划和适应风景园林康养项目，使其更具前瞻性和可持续性，满足未来社会的多样化需求。

二、健康影响

（一）身体健康

风景园林康养对人的身体健康具有重要的影响作用。它涉及自然环境对身体的生理影响，如空气质量、阳光照射等。了解这些身体健康方面的影响有助于确定康养项目的设计要点。

1. 空气质量的改善

风景园林康养的地方通常位于自然环境中,远离城市的污染源,因此空气质量往往更好。清新的空气有助于呼吸系统的健康,减轻空气中有害物质对身体的负面影响。这有助于改善呼吸道疾病的预防和缓解。

2. 阳光照射的益处

风景园林康养提供了充足的自然阳光,这对身体健康有多方面的益处。阳光是维生素 D 的重要来源,有助于骨骼健康。此外,阳光还能改善人们的心情,促进新陈代谢,有助于预防抑郁症等心理健康问题。

3. 运动与锻炼机会

康养项目通常包括绿色空间和自然路径,为人们提供了进行户外活动、散步、跑步等锻炼的机会。适度的运动对身体健康至关重要,可以增强心血管健康、控制体重、提高免疫力等。

4. 自然疗愈效应

自然环境对身体的自然疗愈效应是风景园林康养的重要方面。接触自然环境可以降低生理上的紧张感,促进身体的放松和恢复。这对降低血压、减轻身体疼痛等方面有积极影响。

5. 减轻生活压力

人的身体健康与生活压力密切相关。风景园林康养提供了一个远离城市喧嚣的宁静环境,有助于减轻人的生活压力。长时间的自然环境接触可以降低人身体的应激反应,有益于人身体的整体健康。

6. 身心平衡

身体健康不仅仅包括生理层面,还包括心理和情感层面。风景园林康养通过提供宁静、和谐的环境,有助于实现身心平衡,促进整体健康。

通过深入了解风景园林康养对身体健康的影响,可以更好地确定康养项目的设计要点,以最大限度地促进个体的身体健康。

（二）心理健康

心理健康是风景园林康养所关注的核心领域之一。自然环境对于缓解压力、减轻焦虑、提升心情具有显著效果，深入研究心理健康的影响有助于更好地理解康养的心理机制。

1. 缓解压力与焦虑

自然环境和文化氛围有助于降低个体的压力水平和焦虑感。绿色植被、宁静的景观以及文化艺术元素都能够触发身体和心理的放松反应，减轻紧张感，帮助个体更好地应对生活压力。

2. 提升情绪和心情

康养项目通过提供宁静的自然环境和文化艺术的享受，有助于改善个体的情绪和心情。自然美景和文化体验能够激发愉悦感，促使身体释放快乐的神经递质，改善整体情感状态。

3. 改善睡眠质量

与自然环境的亲密接触以及文化活动的参与可以帮助个体调整生物钟，改善睡眠质量。规律的康养活动和环境对于调整睡眠周期、缓解失眠问题有积极的影响。

4. 提高自尊与满足感

参与康养项目，特别是在具有文化价值的环境中，有助于提高个体的自尊心和满足感。文化体验和社交互动能够促使个体感到被重视和认同，增强自我价值感。

5. 社交互动与支持

康养项目常常是社交互动的场所，有助于个体建立社交关系，获得社会支持。社交互动是心理健康的重要组成部分，可以减轻孤独感、提高社会归属感。

6. 心理康复与治疗

一些康养项目还提供心理康复和治疗服务，针对心理健康问题进行干预。通过专业的心理支持，帮助个体应对心理障碍、情绪问题，促进心理康复。

深入研究风景园林康养对心理健康的影响，有助于更全面地理解其心理机制，为设计和实施康养项目提供更有效的指导。

三、社会意义

（一）文化价值

风景园林康养在现代社会中具有重要的文化价值。通过保护和传承传统园林文化，康养项目能够为社会提供独特的文化体验，促进文化的多元发展。

1. 传承传统园林文化

风景园林康养项目可以成为传承和弘扬传统园林文化的平台。例如，在中国古代园林文化的影响下，康养项目可以融入传统的造园艺术、景观设计理念，使人们在享受康养的同时感受到历史文化的魅力。

2. 强调自然与人的和谐

中国传统文化强调人与自然的和谐相处。风景园林康养通过打造自然环境、提供宁静空间，强调人类与自然之间的和谐关系。这有助于唤起人们对自然的敬畏和对传统文化的尊重。

3. 艺术与文学的融合

康养项目可以融合艺术与文学元素，创造具有文化深度的康养体验。例如，在园林中布置艺术品、借用文学作品中的景观元素，使康养空间兼具审美和文学价值，为参与者提供更丰富的文化体验。

4. 提升社区文化氛围

风景园林康养项目有助于提升社区的文化氛围。通过举办文化活动、康养讲座等，居民可以将康养与文化相结合，促使社区成为文化传承和交流的中心。

5. 增进文化多元发展

康养项目的文化元素可以来自不同的地域和传统，能够促进文化的多元发展。这有助于人们更好地理解和尊重不同文化，促进文化的融合和交流。

6. 提供文化休闲场所

风景园林康养项目本身就是文化休闲场所，为人们提供了一个欣赏自然、感受文化的空间。这种结合使得康养不仅仅是身心的休憩，同时也是对文化的欣赏和体验。

通过强调文化价值，风景园林康养项目可以超越单纯的休闲空间，成为传递文化、弘扬传统的重要载体，为社会文化的繁荣和发展做出积极贡献。

（二）社会贡献

康养项目不仅仅关乎个体健康，还可对整个社会产生积极的贡献。社会贡献可以体现在提高居民的生活质量、减轻医疗负担、促进社会和谐等方面。深入了解社会意义有助于更全面地认识风景园林康养的价值。

1. 提高居民生活质量

风景园林康养项目通过提供宁静的自然环境和文化体验，有助于提高居民的生活质量。人们在康养空间中可以享受放松和愉悦的时光，缓解生活压力，从而促进身心健康。

2. 减轻医疗负担

通过康养项目促进居民身心健康，可以在一定程度上减轻医疗负担。预防性的康养措施会降低一些慢性病的发生率，减少医疗资源的使用，为社会医疗系统减轻负担。

3. 促进社会和谐

康养项目作为社会公共空间，有助于促进社区成员之间的交流和互动，增进社会和谐。共享自然和文化体验有助于构建社区凝聚力，减轻社会孤立感。

4. 创造就业机会

康养项目的建设和管理需要一定的人力资源，包括园艺师、文化导览员、康养专业人员等。因此可以说康养项目的发展能够创造就业机会，为社会提供多样化的就业岗位。

5. 培养文化素养

康养项目融入文化元素，有助于培养居民的文化素养。通过参与文化活动、了解传统文化，人们的文化水平得以提升，从而促进社会文明的传承。

6. 社会教育作用

康养项目可以承担社会教育的角色，通过康养讲座、文化展览等形式向公众传递健康知识和文化信息，提高居民的健康意识和文化水平。

深入了解康养项目的社会贡献有助于更全面地认识其价值，使其成为社会发展的积极力量，为提升社区和整个社会的福祉做出贡献。

第六章　风景园林康养设计原则与策略

第一节　康养环境的设计原则

一、自然融合原则

风景园林康养的核心理念之一是自然融合原则，即通过将自然元素巧妙地融入康养空间，实现人与自然的和谐共生。这一原则体现了对自然环境对人体生理和心理健康的积极影响的深刻认识，同时注重了康养空间的生态可持续性。

（一）生态系统整合

自然融合的首要原则之一是生态系统整合。康养空间的设计应当以生态系统为基础，使其成为一个有机整体，而不仅仅是一个人工构建的景观。通过模仿自然生态系统的互动和平衡，康养空间能够提供更多元、更丰富的生态体验。整合自然元素，如湿地、森林、水体等，不仅提升了康养区域的生态多样性，也为居民提供了更多与自然互动的机会，加深了他们对生态环境的认知和感受。

（二）自然元素融合

在自然融合的设计中，强调自然元素融合是至关重要的。这包括了植物、地形、水体等自然要素的有机融合。通过巧妙地融入自然元素，康养空间不仅呈现出视觉上的美感，还能够创造出更加宜人的环境氛围。例如，将草地、花卉、树木等植物元素有机组合，不仅美化了空间，同时又提供了自然的氧吧，有助于改善空气质量，为居民提供清新的空气。水体元素的引入则可以通过声音、视觉和触觉等多个层面创造出放松的效果，对人的心理健康产生积极影响。

自然融合原则的贯彻体现了对人与自然关系的深刻理解，为风景园林康养提供了科学而可持续的设计方向。通过将生态系统整合和自然元素融合相结合，康养空间得以最大限度地发挥对人们身心健康的正面作用。

二、色彩与光线原则

色彩和光线作为风景园林康养设计的重要组成部分，对人们的心理和生理健康产生了深远的影响。色彩与光线原则体现了对这两个因素综合运用的科学理念，旨在通过巧妙的设计创造出有益于人们身心健康的康养环境。

（一）色彩心理学应用

色彩心理学的应用是色彩与光线原则中的关键一环。不同颜色对人们的情绪和心理状态有着直接的影响。在康养设计中，利用色彩的心理学原理，可以创造出不同的氛围和体验。温暖的色调如橙色和黄色可以营造出轻松、愉悦的氛围，适合放松身心；而冷静的色调如蓝色和绿色则有助于提升专注力和平静情绪。通过科学合理的色彩搭配，康养空间可以更好地满足居民的情感需求，提升居民整体的心理健康水平。

（二）光线对健康的影响

光线是康养环境中另一个至关重要的因素。自然光的充足与否，以及光线的色温和亮度都直接关系着人们的生理节律和心理状态。充足的自然光不仅有助于维持生物钟的正常运转，提高白天警觉度，还能够促进身体合成维生素 D，增强免疫系统。在设计康养空间时，要合理规划采光，同时关注不同时间段的光线色温，创造出适宜的环境。对于夜间，温暖柔和的光线可以促进身体放松,有助于入睡。这样的设计有助于维护人们的生理健康,提高睡眠质量,进而影响整体心理健康水平。

通过色彩与光线原则的综合运用,风景园林康养项目能够在设计中更好地满足人们的感知需求,为其提供丰富而和谐的感官体验,从而达到促进心理健康的目的。

三、空间布局与结构原则

空间布局与结构设计是风景园林康养项目中至关重要的组成部分,直接关系着康养空间的使用体验和功能效果。这一原则强调了科学合理的空间划分和结构设计,以最大限度地满足居民的多样化需求,提升康养环境的整体品质。

(一)功能空间划分

在康养项目中,功能空间划分是一项关键工作。通过科学合理的规划,将不同的功能区域有机地融入整个康养空间中。例如,可以划分出专门用于休憩的区域、开展文化艺术活动的区域、进行健身运动的区域等。每个功能空间都可根据其特定的目的和需求进行设计,使之能够最大限度地发挥作用。合理的功能空间划分既有助于提供多元化的康养体验,又能够满足居民在不同场景下的需求,提高康养效果。

(二)结构设计与可达性

康养空间的结构设计和可达性是与居民互动密切相关的方面。结构的合理设计要考虑到空间的通透性、开放性,以及有无障碍的设计,确保不同人群都能够方便地使用康养设施。例如,路径的设计要考虑到轮椅用户的行动便捷性,同时通道的宽度和坡度也需要符合相关标准。良好的结构设计不仅方便了部分居民(老年人和残障人士)的使用,也为其他居民提供了更加舒适和便捷的空间环境。

空间布局与结构原则的实施使康养空间更加贴近人们的实际需求，为人民提供了更为舒适和便利的场所。通过科学规划的功能空间和人性化的结构设计，康养项目得以更好地发挥其促进身心健康的功能。

第二节 康养空间的分类与特点

一、室内康养空间

室内康养空间是风景园林康养的重要组成部分，其设计考虑和功能布局直接关系着居民在室内环境中的舒适感和康养效果。通过深入分析设计考虑和成功案例，可以更好地了解如何创造出具有康养功能的室内环境。

（一）设计考虑与功能布局

在室内康养空间的设计中，考虑功能布局至关重要。首先，要考虑空间的多功能性，使其能够适应不同的康养需求。例如，可以划分出专门进行文化艺术活动的区域，设立静心冥想的角落，设置健身区域等，以满足不同人群的康养需求。同时，设计考虑还应包括舒适的家具和装饰，以提供愉悦的感官体验。色彩、光线、温度等元素的合理搭配也是设计的重要考虑因素，直接关系着居民在室内的感受和康养效果。

（二）成功案例分析

成功案例的分析有助于深入理解室内康养空间的设计原则和实际效果。通过案例分析，设计者可以发现一些在设计中取得的成就和经验教训。例如，在某康养中心的室内设计中，成功地将舒适的休闲区域与开放的文化交流区域融合在一起，通过灵活运用移动隔断和多功能家具，实现了空间的灵活转换，适应了不同活动的需求。这种设计不仅提供了丰富的康养体验，还充分利用了室内空间，实现了空间的最大化利用。

通过分析成功案例，设计者可以借鉴经验，更好地将成功的经验应用于其他室内康养空间的规划与设计中。这有助于提高设计的实用性和用户满意度，最终实现室内康养空间在促进居民身心健康方面的最佳效果。

二、室外康养空间

室外康养空间在风景园林康养中具有独特的地位，通过景观设计原则和生态系统的融入，创造出适合居民休憩和活动的户外环境，促进身心健康的提升。

（一）景观设计原则

室外康养空间的景观设计原则直接关系到居民在户外环境中的舒适感和康养效果。首先，要考虑自然元素的融入，通过植物、水体、地形等景观要素的有机组合，创造出具有自然美感的环境。合理规划景观元素的布局，使之既能提供开放的视野，又能够形成一定的私密空间，满足不同人群的需求。其次，要考虑到可持续性，选择植被和材料时要考虑生态友好性，最大限度地减少植被和材料对环境的不良影响。此外，人性化的设施和道路规划也是景观设计中的关键，它能保障居民的安全和为居民提供便捷。

（二）生态系统融入康养

室外康养空间的生态系统融入是通过科学合理的手段将自然生态元素融入设计中，实现人与自然的和谐共生。这可能包括湿地的建设、植被的选择、鸟类和昆虫的引入等。通过模拟自然生态系统的运行，可以提高康养空间的生态多样性，增加自然景观的稳定性和持久性。例如，在一个康养公园中，通过保护湿地生态系统，吸引了多种水生植物和动物，提升了整个康养空间的生态价值。这种生态系统融入不仅丰富了环境，还有助于提高居民对自然的认知和体验。

室外康养空间的景观设计原则和生态系统融入是创建理想康养环境的

重要组成部分。通过合理规划和科学设计，室外康养空间可以成为居民放松身心、感受自然之美的理想场所，从而促进其身心健康的全面提升。

第三节　康养活动的场所设计

一、多功能活动场所设计

多功能活动场所是风景园林康养项目中的核心组成部分，通过灵活的空间布局和合理配置的设备，为居民提供多样化的康养活动，满足不同需求，促进身心健康。

（一）灵活空间布局

灵活的空间布局是多功能活动场所设计的基础。通过合理规划空间，使其能够适应不同类型的康养活动，如文化艺术展示、健身运动、社交活动等。采用可移动的隔断、可折叠的家具等设计，实现空间的灵活转换，既能容纳大型团体活动，又能为个体提供私密的空间。例如，在一个多功能康养厅内，可以根据需要设置不同形式的座椅布局，支持开展多种康养活动。这种灵活性有助于最大化地利用场所资源，为居民提供更加个性化的康养服务。

（二）活动场所设备

多功能活动场所的设备配置直接关系着康养活动的质量和效果。首先，要考虑到多媒体设备，支持文化艺术演出、康养讲座等活动的进行。投影仪、音响系统等设备的合理配置可以提升活动的参与感和吸引力。其次，健身器材和运动场地也是关键因素，为居民提供锻炼的机会。例如，在室内康养场所内，可以配备简单易用的健身器材，提供瑜伽区域或者小型运动场地，以满足不同年龄层的康养需求。最后，舒适的家具和环境装饰也是重要考虑因素，提供符合人体工程学的座椅、植物装饰等都有助于提升居民的康养体验。

通过精心设计的多功能活动场所，可以为康养项目提供有力支持，创造出更加丰富、多样化的康养活动。灵活的空间布局和完善的设备配置有助于最大限度地满足不同居民的需求，提高康养效果。

二、社交空间设计

社交空间设计是风景园林康养项目中的重要组成部分，通过合理的社交互动布局和活动场所的氛围营造，为居民提供舒适的社交环境，促进人际关系的发展，进而提升整体的康养效果。

（一）社交互动布局

社交互动布局是社交空间设计的核心，旨在创造出有利于居民相互交流和互动的环境。首先，要考虑到康养场所内的社交节点，如休闲区、茶水间等。这些区域应当设计得温馨舒适，为居民提供愉悦的社交体验。其次，可以通过巧妙的空间分隔和家具摆放，创造出适度私密的小聚区域，方便居民小组间的社交活动。例如，在一个社交休闲区域内，可以设置多个小桌椅组合，每组之间通过绿植或者艺术装饰进行自然分隔，既保持了整体的开放性，又有助于形成小范围的社交氛围。此外，还可以设计社交活动日历，安排各类康养社交活动，引导居民主动参与，增进彼此的了解和交流。

（二）活动场所氛围

社交空间的氛围是影响居民社交体验的关键因素。通过合理配置照明、色彩、装饰等元素，可以为社交场所创造出愉悦、温馨的氛围。例如，选择柔和的灯光和温暖的色彩，使整体环境更具亲和力。在墙面装饰上，可以运用一些自然元素或者艺术品，增添空间的艺术感和个性化。此外，考虑到音乐的运用也是重要的一环，适度的背景音乐有助于调动社交氛围，但要注意音量的控制，不要影响居民之间的正常交流。

通过社交空间的巧妙设计和氛围的精心打造，康养项目可以为居民提供一个理想的社交场所，激发居民间的社交互动，增进社区的凝聚力，为整体的康养效果注入更多活力。

三、安静与冥想场所设计

安静与冥想场所在风景园林康养中具有独特的作用，通过合理的空间布局和氛围营造，为居民提供一个宁静的环境，促进心灵的平静与沉淀。

（一）安静空间布局

安静空间的布局应当追求简洁、清爽，创造出一个远离喧嚣的隐秘角落。首先，要选择相对独立的场地，远离社交区域和娱乐设施，以减少外部干扰。其次，通过巧妙的植被和自然元素的布置，形成自然屏障，为安静区域划定界限。例如，在一个康养园区内，可以利用花草树木的组合，打造出一个被绿意环绕的安静角落。此外，合理设置舒适的座椅，可以给居民提供一个静心坐下的场所，使其放松身心。

（二）冥想氛围营造

冥想场所的氛围设计至关重要，直接关系着居民能否达到心灵的宁静。首先，要通过柔和的照明和色彩选择，创造出温暖、安宁的氛围。可以运用自然的色调，如淡蓝、淡绿等，使人感受到自然环境的宁静。其次，通过音响系统播放轻柔的音乐或自然声音，如潺潺流水、鸟鸣等，增添冥想的氛围。在装饰方面，可以选择一些简约、具有灵性的艺术品，如禅意绘画或雕塑，以营造具有冥想氛围的空间。最后，可以引入一些冥想的辅助工具，如静心桌、冥想垫等，为居民提供更为舒适的冥想体验。

通过巧妙设计的安静与冥想场所，为康养项目提供了一个能够满足居民精神需求的空间。安静的环境和冥想的氛围有助于提升居民的心理健康水平，为其提供一个放松心灵的私密天地。

第四节　康养设计与可持续性发展

一、可持续建筑设计原则

可持续建筑设计原则是风景园林康养项目中的重要组成部分，通过节能环保的设计和可再生能源的应用，为康养场所创造出更为环保和可持续的建筑环境。

（一）节能与环保设计

在可持续建筑设计中，节能与环保是至关重要的原则之一。首先，通过采用高效隔热材料、双层绝缘窗户等设计手段，最大限度地减少能源消耗，实现建筑的节能效果。其次，考虑到自然光的利用，可以通过优化建筑的朝向和采用采光系统，减少对人工照明的依赖，达到节能的目的。此外，康养场所的建筑材料选择也要注重环保性，尽量使用可再生、可回收的材料，以降低对自然资源的消耗。例如，在建筑外墙的装饰中，可以选择天然石材或者环保涂料，减少化学物质对环境的污染。

（二）可再生能源应用

可再生能源的应用是可持续建筑设计的另一关键原则。康养场所可以通过安装太阳能电池板、风力发电设备等设施，利用自然资源的可再生能源，实现对电能的自给自足。在场所内部，可以引入地源热泵系统，通过地下的恒定温度来调节建筑的供暖和制冷，降低能源消耗。通过科技手段，建筑内的雨水可以被收集和利用，用于植物浇灌和景观维护，实现水资源的可循环利用。这些可再生能源的应用不仅减少了康养场所对传统能源的依赖，同时也降低了对环境的不良影响，实现了可持续发展的目标。

通过遵循节能与环保设计原则以及可再生能源的应用，风景园林康养项目可以在建筑层面上为环境保护做出积极贡献，创造出可持续的、生态友好的康养空间。

二、生态保育与绿色设计

生态保育与绿色设计是风景园林康养项目中关注生态平衡和环境友好的重要设计原则。通过采用生态系统保护策略和选择绿色建筑材料，康养场所可以最大限度地保护周围自然环境，营造绿色、可持续的康养空间。

（一）生态系统保护策略

生态系统保护是绿色设计的核心之一。在康养项目中，可以通过一系列策略来保护和促进周围的生态系统。首先，要合理规划场地布局，尊重并最大限度地保留原有的自然植被，避免过度破坏或清理。其次，通过采用雨水收集系统，合理利用雨水，减少对当地水资源的压力，同时为植物提供生长所需的水源。引入植物种植区域，并选择当地适应性强的植物，形成具有地方特色的生态景观，促进生物多样性。另外，通过设置自然保护区域，划定禁止开发区域，保护野生动植物栖息地，形成人与自然和谐共生的生态系统。

（二）绿色建筑材料选择

选择绿色建筑材料是绿色设计的另一关键方面。在康养场所的建筑设计中，可以优先选择符合环保标准的绿色建筑材料，以减少对自然资源的消耗。例如，采用可回收再利用的材料，如再生木材、可降解的建筑材料等，减少对森林资源的压力。选择低挥发性有机化合物（VOCs）的涂料和胶黏剂，减轻室内空气污染。此外，使用具有隔热、保温性能的建筑材料，减少对空调和供暖系统的依赖，达到节能环保的目的。

通过生态系统保护策略和绿色建筑材料的选择，风景园林康养项目可以在建筑和环境之间找到平衡，创造出更为生态友好和可持续的康养空间，为居民提供一个自然、健康的生活环境。

三、社会经济可持续性考虑

在风景园林康养项目设计中，社会经济可持续性是关注社区发展和经济效益的重要方面。通过社区参与与发展以及康养项目的经济可行性的考虑，可以使项目更加符合社会需求和实现可持续发展目标。

（一）社区参与与发展

社区参与是康养项目社会经济可持续性的关键因素之一。通过积极引入社区居民的参与，可以实现项目与社区的互动，形成共同体验和共享资源的氛围。首先，项目设计阶段可以组织社区居民参与康养需求的调研，了解他们对康养空间的期望和建议。在规划和设计中，可以设置社区活动中心、开放式庭院等公共空间，促使社区居民更主动地参与到康养活动中。其次，康养项目还可以通过与社区合作，为社区居民提供相关的康养培训和活动，改善社区居民的健康状况并提升他们的幸福感。

（二）康养项目的经济可行性

康养项目的经济可行性考虑对于项目的长期发展至关重要。首先，项目设计需要综合考虑投资成本和长期维护成本，确保项目在建设和运营阶段都能够经济可行。通过合理的资金分配和成本控制，确保项目的可持续运营。其次，康养项目可以通过引入相关产业，如康养服务、健康咨询等，创造更多的就业机会，为社区居民提供经济支持。项目还可以考虑引入相关商业设施，如康复中心、健康食品店等，提高项目的自给自足能力，为经济可持续性奠定基础。

通过社区参与与发展和经济可行性的双重考虑，风景园林康养项目可以更好地融入社区生活，促进社会经济的可持续发展，为居民提供更加高效的康养服务。

第七章 风景园林康养的应用

第一节 公共康养空间的设计与运用

一、设计原则与标准

（一）公共康养空间的功能需求

在设计公共康养空间时，设计者应充分考虑和满足用户的功能需求，以创造出有益于身体和心理健康的空间。这包括提供多样化的康复和锻炼设施，如步行道、瑜伽区、健身器材等，以满足人们对身体活动的需求。此外，安静的休息区域和专门设计的冥想场所可以满足寻求心灵宁静和平静的人们的需求。康养空间的设计应该兼顾不同年龄和健康状况的人群，提供适用于各个群体的功能性区域，如老年人的休息区、儿童游乐区等。

公共康养空间的设计还需要考虑社交互动的需求，提供合适的场所促进人与人之间的交流。社交空间、休闲区域和共享活动场所都是为了满足人们进行社交互动的功能需求。通过合理的空间规划，创造一个温馨、亲近的社区氛围，使人们更愿意参与社区康养活动，增强社会联系。

（二）可持续性与社会包容性

设计公共康养空间时，必须注重可持续性和社会包容性，以确保空间的可持续发展并服务于社区的广泛人群。可持续性包括对自然资源的负担减轻、能源效率和生态系统的保护。因此，在材料选择、能源利用和废弃物管理等方面，设计应当遵循可持续发展原则，以减少对环境的负面影响。

社会包容性考虑了各个社区成员的需求，包括不同年龄、能力和文化背景的人。设计应当致力于创造一个包容性的环境，提供无障碍设施、多样性的康养活动和服务，确保每个社区成员都能够平等地享受康养空间的益处。通过社会参与和倾听社区的声音，设计可以更好地满足社区的多元需求，创造一个对所有人都开放和包容的公共康养空间。

二、实践运用分析

（一）城市公园的康养设计

城市公园作为城市绿地的代表，其康养设计至关重要。在实践运用中，城市公园的康养设计应该以提升城市居民生活质量为目标，创造一个融合自然与康养的空间。

首先，城市公园的康养设计需要充分考虑城市居民的功能需求。设立各类锻炼和休闲设施，如跑步道、瑜伽平台、休闲座椅等，以满足不同人群的身体活动需求。同时，设置自然景观和植物区域，提供户外休闲的同时，让人们在自然环境中寻找平静和放松。

其次，城市公园的康养设计要注重社交互动。创造出集体锻炼和社区活动的场所，如开阔的草坪、多功能广场等，促进人们之间的互动和交流。社交性的活动有助于提升社区凝聚力，使城市公园不仅是锻炼的场所，更是社区交流的中心。

最重要的是，城市公园的康养设计需要与城市规划相协调。通过与城市规划者和设计师的密切合作，将康养空间融入城市绿地网络，使其成为城市生活的一部分。同时，要考虑生态可持续性，通过合理的植被配置和水资源管理，促进城市的生态平衡。

（二）社区康养中心的成功实践

社区康养中心是为社区居民提供全方位康养服务的重要场所。在实践运用中，成功的社区康养中心应该兼顾社区特色、多元化服务和社会参与。

首先，社区康养中心的设计要贴近社区特色。考虑社区的文化、历史和居民需求，使康养中心在服务中体现社区的独特性。建立社区康养中心的同时，要注重与当地社区机构、学校、企业等合作，形成康养服务的联动效应。

其次，社区康养中心要提供多元化的康养服务。除了常规的健身设施外，还可以引入康复治疗、心理咨询、文艺活动等多样性服务。通过提供全方位的康养服务，满足社区居民在身体、心理和社交方面的需求。

最后，社区康养中心的成功实践需要鼓励社会参与。组织康养讲座、社区健康活动、义工服务等，鼓励社区居民参与康养中心的建设和运营。通过社会参与，社区康养中心能够更好地服务社区居民，形成康养的社区共同体。

通过城市公园和社区康养中心的实践运用分析，我们可以更好地了解康养设计的关键要素，并在实际项目中取得成功。这两者在城市环境中共同构建了一个完整的康养网络，为居民提供了丰富的康养资源。

三、参与式设计与社区建设

（一）公众参与的康养空间设计

公众参与是康养空间设计中至关重要的一环。通过让社区居民参与康养空间的规划和设计过程，社区可以更好地满足他们的需求，增强社区居民对社区的认同感，从而构建一个更具活力和可持续性的康养环境。

首先，公众参与康养空间设计能够反映社区的多元需求。居民对康养的理解和期望各异，通过康养空间的设计工作坊、社区座谈会等形式，可以收集到更多关于康养需求的真实信息。这种多元的参与方式确保了康养空间的设计更贴近实际需求，提高了康养效果。

其次，公众参与能够促进社区居民的积极参与感。通过参与设计和规划，社区居民不再仅仅是康养空间的使用者，而是项目的创造者和管理者。这种积极参与感可以激发社区居民对康养空间的责任心，形成共同管理、共同维护的康养空间管理模式，提高康养空间的可持续性。

最重要的是，公众参与强化了社区的社会资本。社会资本是社区内部关系的一种资源，通过康养空间的公众参与，居民之间建立起更加紧密的联系。在共同参与设计和建设过程中，社区居民形成了更加紧密的社会网络，促进了信息的流通、资源的共享，进而增强了社区的整体凝聚力。

（二）康养空间与社区凝聚力

康养空间的设计与社区凝聚力息息相关。通过合理规划和设计康养空间，可以促使社区居民更紧密地互动，从而增强社区的凝聚力。

首先，康养空间的共享性促进社区居民之间的互动。设计者在设计康养空间时，要考虑到多样的康养需求，使空间成为社区居民聚集的地方。例如，在公园内设置休闲区、社交场所、健身设施等，吸引不同群体的人群，促使他们在康养空间内互相交流、分享经验，形成社区内部的社交网络。

其次，康养空间的文化特色可以增强社区认同感。通过融入当地的文化元素、历史传承等，设计使康养空间具有独特的地域特色。这样的设计能够引起社区居民的情感共鸣，增强他们对社区的认同感，从而促使他们更加主动地参与社区康养活动。

最后，康养空间的社会参与活动增加社区居民之间的互动。通过组织康养讲座、义工活动、社区健康日等活动，激发社区居民参与的兴趣，使康养空间不仅仅是一个静态的场所，更是社区居民共同参与的平台。这些活动有助于拉近社区居民之间的距离，增强社区的凝聚力。

通过公众参与的康养空间设计和康养空间与社区凝聚力的分析，我们可以更好地理解康养空间如何成为社区建设的一部分，为社区提供更多社交和互动的机会，增强社区居民的归属感和凝聚力。

四、环境教育与文化传承

（一）康养空间中的环境教育项目

康养空间不仅仅是提供身体活动和休闲的场所，还应该成为环境教育的平台。通过设计和实施环境教育项目，康养空间有助于引导社区居民更深入地理解和尊重自然环境，提高他们的环保意识和可持续发展观念。

首先，康养空间中的环境教育项目可以包括自然解说、生态讲座等。例如在康养空间设置信息牌、展板，介绍植物、鸟类、昆虫等自然元素，提升居民对周围环境的认知。又如举办生态讲座，邀请专业人士分享生态知识，提高社区居民的环境科学素养。

其次，康养空间可以引入环境保护和可持续发展的实践项目。例如，组织社区居民参与植树活动、垃圾分类，通过亲身参与，让他们体验环境保护的实际行动，激发对环保的责任心。

最重要的是，康养空间中的环境教育项目需要创造互动体验。设计生态游戏、户外实验等活动，让社区居民在玩乐中学到环保知识，通过互动体验更深刻地理解自然生态系统的奥妙。

（二）文化元素在公共康养空间的融入

文化元素的融入使得公共康养空间不仅仅是身体和心理的休憩场所，更成为传承和弘扬文化的平台。通过将当地的文化元素融入设计，可以激发社区居民的文化认同感，促进文化的传承。

首先，公共康养空间可以通过文化艺术展览、演出等活动，展示和推广当地的传统文化。设置文化墙、雕塑等装置艺术，以传统绘画、手工艺等方式呈现当地独有的文化风貌，使居民在康养空间中感受到文化的历史底蕴。

其次，通过组织文化体验活动，如传统手工艺制作、民俗活动等，激发社区居民对传统文化的参与热情。这种亲身参与的方式，使文化传承更加生动有趣，形成一种轻松愉悦的学习体验。

最后，在公共康养空间中融入当地的节庆元素，举办相关庆典活动，弘扬传统文化的同时，也促进社区居民的互动和交流。这样的文化活动能够使康养空间成为社区文化生活的重要组成部分，拉近居民之间的距离，形成更为紧密的社区文化共同体。

通过环境教育项目和文化元素的融入，康养空间不仅能提供身心的舒适体验，更能成为传递文化、激发社区凝聚力的重要平台。这样的设计理念有助于培养社区居民对环境和文化的关注与热爱。

第二节　风景园林康养在特殊群体中的应用

一、应用领域划分

（一）老年人康养园区设计

老年人康养园区设计的目的是为了创造一个适宜老年人居住、康复和娱乐的环境。在老年人康养园区设计中，需考虑到老年人的身体特点、社交需求以及精神健康状况，为他们以提供全方位的康养服务。

首先，老年人康养园区的户外空间设计应以安全和易达性为重点。合理设置平缓坡道、扶手设施、无障碍通道，确保老年人在园区内行动自如，降低跌倒和受伤的风险。同时，在园区中设置座椅、遮阳设施，为老年人提供休憩空间，使其可以在户外环境中舒适地度过时光。

其次，园区内的文化娱乐设施也是设计的关键。老年人往往喜欢参与文化活动、社交互动，因此设计中应考虑到音乐广场、休闲长廊、文化展示区等，以丰富老年人的日常生活。还可以设置康体健身区域，提供适宜老年人参与的锻炼设备，促进他们保持身体健康。

最后，老年人康养园区设计中需考虑到医疗和护理服务的便捷性。可以设置医疗保健中心、日间照料服务，定期为老年人提供健康检查和康复服务，同时确保紧急情况下的及时救助。

（二）儿童康养环境建设

儿童康养环境建设的目标是为儿童提供一个既安全又刺激的空间，促进他们的身体和心理健康发展。在设计儿童康养环境时，需综合考虑儿童的游戏需求、学习需求以及社交互动需求。

首先，儿童康养环境中的户外游戏区域应该有足够的创意和多样性。设计各种儿童友好的游戏设施，如攀爬架、滑梯、秋千等，以激发儿童的运动兴趣，提高他们身体的协调性和灵活性。同时，设计自然探索区域，让儿童在自然环境中学习、探索，培养儿童对自然的兴趣。

其次，儿童康养环境的室内空间需要注重教育性和趣味性的融合。设计儿童图书馆、艺术工作室、科学实验室等，为儿童提供多元化的学习和创造空间。同时，注重色彩的运用和空间的布局，创造一个温馨、明亮、活泼的室内环境。

最后，社交互动是儿童康养环境建设中不可忽视的一部分。设计儿童社区活动中心、团队游戏区等，可以培养儿童的团队协作精神和社交能力。也可设置亲子活动区，鼓励家长与儿童一同参与，加深亲子关系。

通过合理的设计，老年人康养园区和儿童康养环境能够提供安全、有趣、有教育意义的空间，为两个不同年龄段的群体提供全面的康养服务。

二、特殊群体需求考虑

（一）残障人士康养空间

残障人士康养空间的设计应该以提供无障碍的环境为核心，确保残障人士能够在这个空间中自由移动、参与社交活动，并享受到全面的康养服务。

首先，空间的设计应以无障碍通行为基础。合理设置坡道、电梯、无障碍通道等设施，使残障人士能够自如地进入各个区域。在地面上铺设防滑、防颠的材料，确保残障人士行动的稳定性。

其次，康养空间中的休憩和娱乐设施需要考虑残障人士的特殊需求。设计舒适的无障碍座椅、沙发，提供专门设计的残障人士娱乐设备，如音乐播放器、电影院等，以满足其休息和娱乐需求。

另外，社交互动是残障人士康养空间中的重要元素。设计开放的社交区域，配置适用于残障人士的社交活动设施，如聚会室、多功能会议室等，以促进他们之间的交流和互动。

最后，医疗护理服务也是残障人士康养空间设计的重点。建立医疗辅助设施，如医疗诊所、护理站，以方便残障人士获得及时的医疗和护理服务。同时，培训康复护理人员，提供专业的康复护理服务。

（二）慢性病患者的康复环境

慢性病患者康复环境的设计需要综合考虑他们的身体、心理和社交需求，为他们提供安全、舒适、有利于康复的空间。

首先，康复环境中的生理治疗区域应当符合慢性病患者的康复需求。配置专业的医疗设备，提供个性化的生理治疗方案，为患者提供有效的康复服务。同时，注重生理治疗区域的舒适性，采用柔和的照明、舒适的座椅等，以创造一个有利于放松和恢复的环境。

其次，心理康复区域的设计是关键。提供专业的心理咨询服务，设置专属的心理疗愈空间，以帮助患者缓解焦虑、抑郁等心理问题。在设计上注重色彩心理学的运用，创造温馨、宁静的心理康复环境。

社交互动也是慢性病患者康复环境设计需要考虑的因素。设计多功能社交区域，鼓励患者之间进行交流和互动，组织康复活动、康复培训等，以提高患者的社交能力和康复动力。

最后，医疗监测与护理服务是慢性病患者康复环境设计的重点。建立医疗监测设备，如生命体征监测、健康数据采集等，以为医护人员提供患者的全面康复数据。配置专业的康复护理人员，提供24小时的医疗护理服务，确保患者在康复环境中得到全方位的关爱。

三、康养设计与认知疗法

（一）认知障碍患者的康养设计

认知障碍患者的康养设计需要特别关注他们对环境的感知和理解能力，创造一个有助于提高认知功能的空间。

首先，康养空间的导引设计至关重要。通过合理的空间标识、指引牌，帮助认知障碍患者更容易地理解和记忆康养空间的结构和功能分区。颜色、形状的差异化设计能够帮助他们更好地辨别和记忆不同区域。

其次，舒适性和安全性是认知障碍患者康养设计的基础。采用柔和的照明、温馨的色彩，打造一个舒适宜人的康养环境，有助于提升认知障碍患者的情感体验。在设计上避免使用混乱和刺激性的元素，减少可能引起不适感的因素，确保患者的安全感。

此外，社交互动是认知障碍患者康养的重要组成部分。设计开放的社交区域，设置有益于患者交流的康养活动，如集体游戏、手工艺等，以促进他们之间的交往和互动。合理安排护理人员的陪伴，提供个性化的照顾，能够更好地满足认知障碍患者的社交需求。

（二）康养环境对认知功能的影响

康养环境对认知功能的影响是一个综合性的过程，需要综合考虑空间设计、色彩运用、自然元素等因素。首先，空间的布局与结构要能够引导认知功能的发展。通过合理的空间规划，帮助用户更好地认知和记忆环境中的各个要素。功能空间的划分应明确，结构设计要简洁清晰，以减轻认知负担。

其次，色彩在康养环境中的应用对认知功能有着深远的影响。色彩心理学的原理可以用于调节用户的情绪和认知状态。温暖的色调如橙色、黄色能够激发积极的情感，而冷色调如蓝色、绿色则有助于放松和冷静。在设计中，根据不同的康养需求和场景，合理运用色彩，提高用户的认知适应性。

自然元素是康养环境中的重要组成部分。自然光线、植物、水体等元素能够促进认知功能的提升。充足的自然光线有助于调节生物钟，提高注意力和警觉性。绿植和水景的引入则能够增强用户的放松感，有助于缓解认知疲劳。在康养环境设计中，融入自然元素，营造舒适轻松的氛围，有助于提高用户的认知水平。

总体而言，认知疗法在康养设计中具有重要地位，通过创造性的设计和合理的环境配置，可以有效提升用户的认知功能，为他们提供更好的康养体验。

四、儿童康养空间的心理健康考虑

（一）游戏与学习结合的康养空间

儿童康养空间的设计应注重游戏与学习的有机结合，以促进儿童的心理健康发展。游戏是儿童认知、情感、社交等多方面发展的重要手段，因此康养空间的设计要充分考虑游戏元素。首先，合理规划游戏区域，包括各种户外和室内游戏设施，如攀爬架、滑梯、沙池等，以满足儿童对多样性游戏的需求。其次，结合教育资源，设置富有启发性的学习角落，如图书馆、科学实验区，让儿童在游戏中获得知识，激发他们的学习兴趣。

在设计上，考虑儿童的年龄特点和兴趣，创造富有创意和趣味性的游戏环境。通过色彩、造型、声音等元素的巧妙运用，激发儿童的好奇心和探索欲望。此外，提供开放式的游戏空间，让儿童能够自由发挥想象力，培养他们的创造力和自主性。通过游戏与学习的结合，儿童康养空间能够在愉悦的氛围中促进儿童心智和情感的全面发展。

（二）社交发展与互动的康养环境

儿童的社交发展对心理健康至关重要，因此康养空间的设计要创造有利于社交与互动的环境。首先，设计开放的社交区域，如休息区、小组学习区等，为儿童提供共享空间。设置合适的座椅和桌子，方便儿童之间的交流与合作。其次，引入团队游戏和集体活动，通过合作与竞争，增强儿童之间的团队精神和友谊。

在设计上，考虑到儿童的好奇心和求知欲，可以设计一些激发合作的任务和活动。这不仅促进了社交发展，还培养了团队协作能力。同时，创造有趣的社交互动环境，如绘画墙、游戏角落等，鼓励儿童参与其中，帮助他们建立友谊。此外，为儿童提供合适的社交辅导，教导他们有效沟通、理解他人的重要性，有助于形成健康的社交模式。

总体而言，儿童康养空间的心理健康考虑需要在游戏与学习的结合以及社交发展与互动的设计中找到平衡。通过创造性的空间设计，促进儿童身心全面健康发展。

第三节　私人康养空间的设计理念

一、私人康养空间的定制需求

（一）个性化设计理念

私人康养空间的定制需求强调个性化设计理念，以满足个体的独特健康和心理需求。在个性化设计方面，首先应考虑用户的个人喜好和生活方式。通过与用户进行深入沟通，了解他们的兴趣爱好、日常习惯以及康养目标，从而为其打造符合个性化需求的康养环境。例如，根据用户的喜好设置特定的休闲区域，如阅读角、音乐室或瑜伽区，以提供个性化的康养体验。

其次，个性化设计还应关注用户的健康状况和需求。针对用户可能存在的健康问题，定制相应的康养设施和活动区域。比如，为有关节痛问题的用户设计独特的水疗区域或热水浴缸，以提供有针对性的康复效果。此外，考虑到用户的工作习惯，可以定制办公区域，为其提供一个舒适的工作环境，促使工作与康养有机结合。

（二）隐私与安全考虑

在私人康养空间设计中，隐私与安全是至关重要的考虑因素。首先，为了确保用户在康养空间内的隐私，定制设计应包括隐私屏障、合理的空间隔离以及私密性强的活动区域。这可以通过巧妙的布局和设计元素的运用来实现，确保用户在康养空间中能够获得私密、安心的感觉。

其次，安全考虑是个性化设计的关键。根据用户的年龄、健康状况以及可能存在的风险因素，定制设计应纳入相应的安全设施和措施。例如，为老年用户设计无障碍设施，确保其行动安全；为有小孩的用户设置安全防护措施，防止意外事件发生。此外，定制设计应考虑到可能的紧急状况，提供紧急逃生通道和设备，保障用户在任何情况下都能够得到及时的帮助。

综上所述，私人康养空间的个性化定制需求体现在个性化设计理念的贯彻和隐私与安全考虑的充分考虑上。通过合理融合用户需求、喜好和健康状况，私人康养空间能够为个体提供定制化的、符合其独特需求的康养体验。

二、庭院与花园的康养设计

（一）庭院设计原则

庭院作为康养空间的一部分，其设计原则直接影响着居住者的身心健康。首先，庭院设计应注重自然融合原则。通过合理规划植被、水景和石材等元素，创造出具有自然氛围的空间。自然的色彩、纹理和形态能够促进居住者的身心放松，提高整体康养效果。此外，庭院设计还应遵循空间布局与结构原则，确保各功能区域有机统一，形成一个和谐的整体。

其次，庭院设计要关注可持续性与社会包容性。采用可持续的设计理念，选择适应当地气候条件的植物，倡导水资源节约和循环利用。社会包容性体现在庭院设计的开放性上，它可使不同年龄层次、健康状况的人都能够轻松愉悦地享用庭院空间。例如，合理设置无障碍通道，方便老年人和残障人士进入庭院，共享其中的康养益处。

最后，庭院设计要考虑用户的个性化需求。通过与居住者充分沟通，了解他们的喜好、兴趣和健康需求，量身定制庭院设计。个性化的庭院可以满足不同居住者的心理期待，增强其对康养空间的认同感，提高使用的积极性。

（二）私家花园的康养功能

私家花园作为康养空间的一种表现形式，具有丰富的康养功能。首先，花园能够提供视觉愉悦，通过各种花卉植物的布置，营造出美丽的景观，使人在欣赏过程中获得心灵上的愉悦。不同颜色和形态的花朵还能刺激感官，增加生活的乐趣。

其次，私家花园可作为休闲娱乐的场所。合理设置休息区、凉亭、草坪等，为居住者提供休息放松的空间。这些区域可以用于阅读、聊天、瑜伽等活动，使居住者在花园中感受到轻松和愉悦，从而缓解生活中的压力。

最后，私家花园对于户外活动和运动具有促进作用。为花园设计健身器材、步道、沙坑等元素，引导居住者参与户外运动。这不仅有助于锻炼身体，还能是用户享受户外自然环境的益处，提升整体康养效果。

总体而言，庭院与私家花园的康养设计应注重自然融合、可持续性、社会包容性和个性化需求，以创造一个具有丰富康养功能的舒适空间。通过巧妙的设计，使庭院和私家花园成为促进居住者身心健康的重要元素。

三、豪宅与康养生活方式

（一）豪宅庭院的康养设计

豪宅庭院的康养设计体现出对高品质生活方式的追求，这种设计方式注重空间的舒适性、艺术性以及康养功能的融合。首先，豪宅庭院的设计要充分考虑空间的可持续性。通过引入当地的原生植被，合理运用雨水收集系统和智能灌溉设施，实现豪宅庭院的绿色生态，为居住者提供清新的空气和宜人的自然环境。

其次，豪宅庭院的康养设计要结合私人健康需求，为居住者提供更高层次的康养体验。这可能包括定制的独特景观元素，如花卉雕塑、艺术品展示区等，以提升庭院的艺术氛围。同时，为居住者创造多功能区域，如瑜伽平台、冥想角落等，支持多样化的康养活动，满足个体的健康追求。

最后，豪宅庭院的康养设计要注重空间的社交性。通过巧妙的布局和设计，创造出适宜社交、聚会的区域，使庭院成为邀请客人、亲友交流的理想场所。社交活动不仅能够促进人际关系，也是康养生活方式的重要组成部分。

（二）私人花园的休闲与养生功能

私人花园作为豪宅的一部分，承载着休闲与养生的重要功能。首先，私人花园的设计要注重营造宁静的氛围，通过精心选择的花卉植物、流水景观等元素，为居住者提供一个远离都市喧嚣的休憩场所。独特的花园设计能够激发居住者的艺术感知，为其带来愉悦的感官体验。

其次，私人花园的休闲与养生功能需要与户内空间有机结合。通过设置与室内空间相通的开放式休息区，使室内与花园自然过渡。这不仅方便了居住者在室内与室外之间自由穿行，还强调了整体生活方式的一体性，使居住者更加贴近自然。

最后，私人花园应注重充实的康养元素。引入草药花园、中医养生植物等，为居住者提供独特的养生体验。这包括定期的户外健身活动、沐浴阳光的休息区域，使私人花园成为居住者日常康养生活的延伸。

综合而言，豪宅与康养生活方式的结合体现在庭院和私人花园的设计上。通过精心规划，这些空间不仅是居住者日常康养的场所，更是呼应高品质生活方式的艺术品。

四、私人康养空间的数字化整合

（一）智能技术在康养空间中的应用

私人康养空间的数字化整合离不开先进的智能技术的应用。智能技术在康养空间中的应用旨在提升居住者的生活品质、健康水平和便利度。首先，私人康养空间可以整合智能家居系统，通过自动化控制温度、照明、音响等设备，为居住者创造一个舒适、智能的居住环境。智能技术还能通过可穿戴设备、生命体征监测等手段，实时监测居住者的健康状态，提供个性化的康养建议。

其次，虚拟现实（VR）和增强现实（AR）技术的应用为私人康养空间增色不少。通过虚拟现实技术，居住者可以在康养空间中体验全新的环境，如山水画廊、森林漫步等，达到放松心灵、陶冶情操的效果。同时，增强现实技术还可以为居住者提供更多的信息互动，如康养活动的指导、文化娱乐的丰富。

（二）私人康养空间数字化管理与服务

数字化管理与服务是私人康养空间中不可或缺的一部分。首先，数字化管理系统可以通过智能化设备实现对康养空间内各种设施、设备的监测和控制。居住者可以通过智能手机或平板电脑进行远程管理，包括远程控制灯光、调整温度、安防监控等。这使得私人康养空间的管理更加便捷、高效。

其次，数字化服务在康养空间中增加了更加个性化的体验。通过用户数据的分析，私人康养空间可以为居住者提供个性化的康养方案和建议，涵盖健康管理、饮食指导、运动计划等多个方面。数字化服务还能整合在线医疗咨询、社交互动平台，促进居住者之间的交流与分享。

总体而言，私人康养空间的数字化整合通过智能技术和数字服务的应用，为居住者提供了更为智能、个性化、便捷的康养体验。数字化管理的普及不仅提升了康养空间的管理效能，更为居住者的健康和生活方式提供了更加科技化的支持。

第八章 风景园林康养的社会影响与效果评估

第一节 康养环境对居民健康的影响

一、自然环境与身体健康

（一）空气质量与呼吸系统

自然环境中的空气质量直接关系着人体呼吸系统的健康。清新的空气含氧量高，有益于呼吸系统的正常功能。在自然环境中，大量的植被释放氧气，同时吸收二氧化碳，有效净化空气。这样的环境有助于预防呼吸系统疾病，如哮喘、慢性阻塞性肺病等。悠闲漫步于绿树成荫的自然空间，深呼吸清新空气，对肺部健康产生积极的影响。

空气中的负氧离子也是自然环境对呼吸系统的一种正面影响。负氧离子能够促进人体对氧气的吸收，提高肺部的养气能力。在森林、瀑布等自然环境中，负氧离子的浓度较高，这有助于改善呼吸系统的功能，减少呼吸道疾病的发生。

（二）绿色空间与心血管健康

绿色空间对心血管健康有着显著的积极影响。研究表明，经常接触自然环境、观赏绿色植物可以降低血压、减轻心血管负担，从而降低患心血管疾病的风险。在自然环境中，绿色植物释放的氧气不仅能改善空气质量，还有助于增强血液中的氧气运输能力，提高心血管系统的运作效率。

另外，自然环境中的景色和植被多样性也能够对人产生积极的心理影响，减轻日常生活中的压力和焦虑，从而有益于心血管健康。人们在绿草茵茵的草地上散步、在花园中休憩，能够促使心脏更稳定地工作，降低心脏疾病的风险。

总体而言，自然环境通过改善空气质量和提供绿色空间，对人体的呼吸系统和心血管系统产生多方面的积极影响，为身体健康提供了有力的支持。

二、心理健康与康养环境

（一）自然疗愈与压力缓解

自然环境对心理健康的影响主要体现在自然疗愈和压力缓解方面。在康养环境中，人们沉浸在自然的美景中，能够感受到大自然的宁静和治愈力量。这种自然疗愈效应在心理健康领域被广泛认可。观赏绿树葱茏、听波涛轻吟、感受微风拂面，这些自然元素都能够降低人的紧张感，促进身心的放松，从而缓解心理压力。

自然疗愈不仅表现为对外在环境的感知，更包括自然中的生物、植物对人体的积极作用。例如，阳光促使人体合成的维生素D有助于调节身体内的激素水平，影响情绪调控，降低抑郁和焦虑感。此外，接触大自然还能刺激大脑释放内啡肽等神经递质，提升情绪感受，使人感到身心愉悦。

（二）康养空间对心理疾病的缓解作用

康养空间对心理疾病的缓解作用主要体现在提供安静、宁静的环境，以及引导积极的康养活动。在康养环境中，设计合理的休息区域和冥想场所，为居住者提供独处思考和情感宣泄的空间。这有助于减轻焦虑、抑郁等心理疾病的症状。

康养空间也通过提供各类康复活动，如艺术创作、园艺疗法、音乐疗法等，激发居住者的兴趣和参与度。这些活动有助于建立社交关系、培养兴趣爱好，为心理健康创造积极的社交和情感体验。

总体而言，康养环境通过自然疗愈和提供多样康养活动，对心理健康产生深远影响。在这个有益的环境中，居住者能够更好地调节情绪、缓解压力，实现心理健康的提升。

第二节　康养活动对社会的积极影响

一、社会互动与人际关系

（一）康养活动与社交网络建设

康养活动在社交网络建设中扮演着重要的角色，对个体和整个社区的人际关系产生了深远的积极影响。在康养空间，各种社交活动如团体运动、艺术表演、手工制作等都被设计成互动性强、参与度高的形式。这样的活动不仅提供了居民间交流的平台，更为社交网络的形成奠定了基础。

通过康养活动，居住者有机会认识新朋友，建立友谊，增进相互间的了解。这种社交互动不仅仅限于同龄人之间，还包括不同年龄、背景的居民。多元的社交网络有助于打破社会壁垒，促使社区成为一个更加包容和温暖的大家庭。

（二）社会参与对个体和社区的积极影响

社会参与是康养活动的核心，其积极影响不仅体现在个体层面，也体现在社区层面。在个体层面，积极的社会参与能够提升居民的自尊心和社会认同感，增强生活的意义感。通过参与社交活动，个体更容易建立起良好的人际关系，形成互帮互助的社交支持体系。

在社区层面，充满活力的社会互动能够促进社区的凝聚力和和谐发展。有积极社交网络的社区更容易形成共同体验、共同目标的氛围，进而增强社区居民的归属感和责任感。这种社会参与的积极影响不仅有助于个体康养，也为社区的整体发展创造了有利条件。

综上所述，康养活动通过促进社交网络的建设和加强社会参与，为个体和社区的人际关系提供了有益的支持，为康养空间营造了融洽、温馨的人际氛围。

二、康养活动对社会服务的贡献

（一）康养志愿服务

康养活动通过康养志愿服务，为社会贡献力量，树立起积极的社会形象。康养志愿服务不仅仅是对康养活动的延伸，更是社会责任的体现。通过康养志愿服务，康养空间将关爱传递到社区，积极参与社会公益事业。

志愿者常常参与到康养活动的策划与组织中，为居民提供专业、贴心的服务。这包括但不限于陪伴活动、康复指导、文艺表演等。志愿者的参与不仅为康养活动增添了活力，更为社区居民提供了多方面的关怀。

（二）康养活动对社会福祉的促进

康养活动对社会福祉的促进表现在多个方面。首先，通过提供各类康养服务，康养空间为社区居民提供了更为全面的健康保障。康复性的活动有助于康复患者的康复进程，预防性的康养活动有助于居民的健康维护。

其次，康养活动能够提升社区的整体幸福感和生活品质。社区居民通过参与康养活动，享受到更多社交互动、身心健康的关怀，增加生活的乐趣。这种积极向上的生活态度和幸福感不仅促进了个体的发展，也有助于社区的和谐共融。

总体来说，康养活动通过志愿服务和对社会福祉的促进，不仅为个体提供了更好的康养体验，也为整个社会构建了更为和谐、关爱的社区环境。

第三节　康养环境的可持续性评估

一、生态系统保护与康养

（一）康养空间的生态平衡

康养空间的生态平衡是保障康养效果和可持续发展的核心要素之一。在康养空间设计中，注重生态系统保护意味着在规划和营造康养环境时，需要综合考虑自然元素与人类活动之间的平衡关系。

首先，康养空间的绿化设计要尊重原生植被，保留自然树木和植物，最大限度地还原自然生态环境。同时，引入本土植物有助于形成与周围生态系统相协调的康养空间，使居民在自然环境中应该拥有更为纯净、健康的氛围。

其次，生态湿地的合理利用也是康养空间中的一项关键举措。湿地生态系统具有净化水质、调节气温、改善空气质量的功能，因此，在康养空间规划中，可以考虑建设人工湿地，使其成为自然治疗和观赏的一部分。

通过科学的康养空间规划和设计，可有效保护生态系统的平衡，创造一个有益于人类身心健康的环境。

（二）绿色建筑与可持续发展

绿色建筑的理念与可持续发展紧密相连，对康养空间建设起到了积极的推动作用。绿色建筑强调在设计、建设和运营过程中降低对环境的不良影响，提高资源利用效率，进而为康养活动提供更为适宜的场所。

在康养空间中，绿色建筑的应用体现在多个方面。首先是建筑材料的选择，应优先选用可再生、环保的材料，减少对自然资源的消耗。其次是建筑的能源利用效率，可采用先进的节能技术，减少对能源的依赖，将康养空间在运营中对环境的影响最小化。

绿色建筑还强调水资源的合理利用，通过雨水收集和利用系统，减轻对城市供水系统的压力。此外，绿色屋顶和墙体的应用也有助于改善康养空间的微气候，提供更为宜人的环境。

总体而言，生态系统保护和绿色建筑原则有助于打造可持续、健康、环保的康养空间，为居民提供更为舒适宜人的居住环境。

二、社会文化可持续性

（一）传承文化与社会认同

社会文化可持续性在康养空间设计中是至关重要的，它涉及如何传承和融入当地文化，以及如何在康养环境中建立社会认同感。

首先，传承文化是社会稳定和可持续发展的基石。在康养空间中，通过保留和弘扬当地传统文化，可以为居民提供更加亲切和熟悉的环境，使其在康养过程中更容易融入社区。这包括在园林设计中融入当地传统元素、举办文化活动以增进居民对传统文化的了解等。

其次，康养环境应该具有文化适应性，能够适应不同文化背景的居民需求。在多元文化社会中，康养空间的设计应该考虑到不同族裔、宗教信仰和生活习惯，以创造一个包容性和多元化的康养社区。这可以通过在康养活动中融入多元文化元素、提供多语言服务、定期举办跨文化交流活动等方式来实现。

通过在康养空间中传承和融入文化，可以强化社区认同感，增进居民对社会的归属感，从而促进社会的文化可持续性。

（二）康养环境的文化适应性

康养环境的文化适应性是指康养空间是否能够敏感地满足多元文化的需求，使不同文化群体都能够在其中找到共鸣。

首先，康养空间的建筑和景观设计应该反映当地文化特色，融入本土元素，以创造独特而有温度的环境。这可能包括在建筑设计中采用当地传统建筑风格、雕塑、绘画等艺术元素。

其次，文化适应性还包括在康养服务中考虑不同文化群体的需求。例如，提供符合特定宗教习惯的饮食选择、举办宗教节庆活动、提供多语言的康养指导等，都能够使康养空间更好地服务不同文化背景的居民。

最后，康养空间应该鼓励文化的交流与融合，通过开展跨文化的康养活动、文化节庆等，促进不同文化群体之间的相互理解与尊重。

总体而言，社会文化可持续性的实现需要康养空间在设计和服务中具备开放性和包容性，使得不同文化能够共同繁荣发展。

第四节 康养效果评估方法

一、健康指标评估

（一）生理指标的监测

在风景园林康养中，对居民的生理指标进行监测是一项关键任务。这一过程旨在全面了解个体的生理状况，为个性化的康养计划提供科学依据。

首先，生理指标的监测涵盖了多个方面，包括但不限于血压、心率、血糖、血脂等。通过定期测量这些指标，康养空间能够及时发现患者的生理异常，采取相应措施，确保其身体状况在可控范围内。这种实时监测不仅有助于防范慢性病的发展，还能够提供医护人员及时干预的机会，最大限度地维护居民的生理健康。

其次，监测生理指标还可通过智能科技手段实现，如穿戴式设备、远程监控系统等。这些先进技术可以实现对生理数据的实时采集，不仅提高了监测的效率，还增加了康养者对自身健康状况的主动了解，激发他们更好地参与健康管理。

（二）心理健康问卷调查

除了生理指标的监测，风景园林康养还通过心理健康问卷调查来全面评估个体的心理状况。心理健康问卷通常包括对焦虑、抑郁、压力水平等方面的评估，以了解居民的心理健康状态。

首先，心理健康问卷通过标准化的问题设计，能够客观地反映个体的心理状态。这种问卷形式能够量化抽象的心理概念，为康养服务提供客观依据。

其次，心理健康问卷的定期调查有助于追踪个体心理健康的变化趋势。通过对时间序列数据的分析，康养空间能够更好地理解居民在康养过程中心理健康的演变规律，为后续的干预和调整提供科学依据。

总体而言，生理指标的监测结合心理健康问卷调查，构成了综合评估康养者身心健康状况的有效手段。这一全面而科学的评估过程为提供个性化、精准的康养服务提供了坚实基础。

二、社会影响评估

（一）社交网络分析

在风景园林康养中，社交网络分析是评估社会影响的重要手段。这一方法旨在深入了解个体在社交网络中的位置、关系和影响力，从而全面评估康养活动对社交结构的影响。

首先，社交网络分析通过收集居民之间的社交数据，包括社交互动、沟通频率、社交圈子等信息。通过这些数据，可以构建社交网络图，清晰呈现康养空间内个体之间的关系网络。这有助于发现社交网络中的关键节点和群体，为制定有针对性的康养社交活动提供参考。

其次，社交网络分析可通过度量指标，如中心性、密度、群聚系数等，深入挖掘社交网络的特征。这些指标有助于了解社交网络的结构和稳定性，为康养项目的社交策略提供科学支持。例如，通过提升社交网络的密度，可以促进社区居民更紧密的互动，增强社区凝聚力。

（二）康养活动对社区的社会贡献评估

康养活动对社区的社会贡献评估是判断康养项目综合效益的重要方法。这一评估旨在全面了解康养活动对社区居民和环境的积极影响，涵盖了多个方面的社会贡献。

首先，康养活动能够促进社区居民的身心健康。通过提供各类康养服务，包括健康咨询、运动锻炼、文化活动等，康养项目可以有效提升社区居民的整体生活质量。这对于社区居民的幸福感和生活满意度具有积极影响。

其次，康养活动对社区的社交网络构建具有显著作用。通过组织各类社交活动、康复训练等项目，康养空间能够促使社区居民建立更为紧密的社交关系，形成更加健康、积极的社区氛围。

最后，康养活动能够带动社区经济的发展。通过吸引康养相关产业的发展，如康养服务机构、健康产品销售等，康养项目能够为社区创造更多的就业机会，提升社区整体经济水平。

总体而言，社交网络分析和康养活动对社区的社会贡献评估构成了对康养项目社会影响的深入研究。这有助于更全面地理解康养活动对社区的价值，为提升社区居民的整体幸福感和生活品质提供科学依据。

三、满意度与生活质量评估

（一）康养参与者的满意度调查

评估康养项目成功与否，满意度调查是一项至关重要的因素。通过收集康养参与者的反馈和意见，可以深入了解他们对康养活动的体验和感受，为项目的改进和优化提供有力的依据。

在进行满意度调查时，可以采用定量和定性相结合的方法。定量调查通过设计问卷，涵盖康养服务的方方面面，如环境舒适度、服务质量、康养效果等，以量化的方式收集康养参与者的满意度分数。同时，定性调查可以通过深度访谈或焦点小组讨论，更全面地挖掘参与者的感受，包括他们的期望、需求以及对康养项目的建议。

通过分析满意度调查结果，可以识别康养项目的优势和不足之处。有针对性的改进将有助于提升康养服务的质量，更好地满足参与者的需求，进而提高整体满意度。

（二）康养环境对生活质量的提升效果

康养环境对参与者的生活质量具有直接而深远的影响。通过对康养环境对生活质量的提升效果进行评估，康养机构可以客观了解康养项目的实际效果，为居民未来的规划和改进提供更多帮助。

生活质量评估可以涉及多个方面，包括身体健康、心理状态、社交关系等。通过收集参与者的主观感受和客观数据，可以全面地了解他们在康养环境中的变化。例如，可以通过生理指标监测参与者的健康状况，同时通过心理健康问卷等工具了解他们的心理状态。

评估结果将为康养环境的设计和改进提供有益信息。如果发现康养环境在特定方面取得了显著的提升效果，可以通过强化相关设计元素来加强这一效果。反之，如果存在不足，可以有针对性地进行改进，以更好地实现提升生活质量的目标。

综合来看，满意度与生活质量评估是评估康养项目综合效益的关键环节。通过深入了解参与者的感受和生活状态，康养项目可以为提升康养服务质量、优化环境设计提供科学依据，推动康养理念不断发展和完善。

四、可视化与感知评估

（一）空间感知与设计效果

康养空间的设计旨在创造宜人的环境，使参与者能够更好地感知和体验。通过空间感知与设计效果的评估，可以了解设计是否达到了预期的感知目标，同时为设计提供改进方向。

空间感知评估可以通过使用可视化工具和技术来实现。利用虚拟现实（VR）技术或三维模型，参与者可以沉浸在康养空间中，感受不同设计元素对空间的影响。这种实时的、沉浸式的体验有助于评估设计的实际效果，包括颜色搭配、空间布局、景观设计等。

设计效果的评估还可以通过实地观察和参与者的反馈进行。记录参与者在康养空间中的行为、情感反应和注意力集中情况，以了解设计对参与者感知的实际影响。同时，定期收集参与者的意见和建议，形成一个反馈循环，为设计的不断改进提供指导。

（二）康养活动对参与者情感体验的影响

康养活动不仅仅是空间设计的一部分，还涉及参与者在活动中的情感体验。评估康养活动对参与者情感体验的影响，有助于了解活动的吸引力、愉悦度和情感回馈。

情感体验的评估可以采用心理学的定性和定量方法。通过采访、焦点小组讨论或情感日志记录，了解参与者在活动中产生的情感反应。同时，可以借助情感调查问卷等工具，以量化的方式收集参与者的情感体验数据。

评估结果可以帮助设计者更好地理解活动的情感影响机制。如果活动达到了预期的情感效果，可以进一步强化相关设计元素。如果存在情感体验上的不足，设计者可以通过调整活动内容、营造氛围等来提升参与者的情感体验。

综合而言，可视化与感知评估为康养空间的设计和活动提供了客观的、直观的反馈信息。通过深入了解参与者的感知和情感体验，设计者可以更精准地调整设计方案，创造更具吸引力和愉悦感的康养环境。

第五节　康养成果的传播与分享

一、成功案例的宣传与分享

（一）康养项目的成功案例

康养项目的成功案例是推动康养理念传播和推广的重要元素。通过充分宣传和分享成功案例，可以激发公众对康养的兴趣，同时为其他康养项目提供宝贵的经验教训。

在宣传成功案例时，康养机构需要突出项目的独特性和创新性，详细介绍康养项目的背景、设计理念、实施过程和取得的成果。通过生动而具体的案例，可以让公众更好地理解康养的价值和效果。

成功案例的宣传还可以通过各种媒体平台进行，包括社交媒体、网络文章、电视报道等。利用视觉和故事性的表达方式，向公众展示康养项目的独特之处，吸引更多人参与康养活动。

（二）公众参与与康养成果的传播

康养项目的成功不仅仅需要设计者和执行者的努力，还需要得到公众的认可和积极参与。因此，公众参与与康养成果的传播是推动康养理念深入人心的关键环节。

在传播康养成果时，可以采用多样化的方式，包括康养活动的开放日、康养成果展示会、康养社区参与活动等。通过让公众亲身参与和体验康养项目，可以使其更直观地感受到康养的益处，增强公众对康养的信心。

公众参与也可以通过社交媒体平台进行。鼓励康养参与者分享他们的体验和感受，形成用户口碑传播。此外，组织康养主题的线上或线下讨论活动，让公众能够深入了解康养理念，提高康养的社会影响力。

综合而言，成功案例的宣传与分享以及公众参与与康养成果的传播相辅相成，共同推动康养理念在社会中的传播和认可。通过精心策划和执行这些活动，可以为康养事业的长远发展打下坚实的基础。

二、学术研究与实践经验分享

（一）康养领域的学术交流

康养领域的学术交流是促进理论创新和实践经验分享的重要平台。通过学术交流，康养领域的专业人士可以互相借鉴经验、探讨前沿问题，推动康养理论不断发展。

学术交流可以采用国际、国内学术会议、座谈会、研讨会等形式进行。专家学者在会议上可以分享最新的研究成果、提出新的理论观点，并进行深入的学术讨论。这有助于不同领域的专业人士拓宽视野，深化对康养理念的认识。

同时，应建立康养领域的学术期刊和在线平台，提供一个学术交流的载体。在这些平台上，研究者可以发表最新的康养研究论文，分享研究方法和实践经验，推动康养领域的知识传播。

（二）实践者分享的康养经验

实践者的康养经验分享对于康养项目的设计和实施具有重要的指导作用。通过分享，实践者可以更好地了解在实际操作中所面临的挑战和解决方案，从而提高康养项目的质量和效果。

康养经验分享可以通过工作坊、座谈会、康养项目展示等形式进行。在这些活动中，实践者可以深入分享他们在康养项目中的设计思路、实施过程中的经验教训以及取得的成就。这样的分享有助于激发其他从业者的创新灵感，促使康养领域不断进步。

  此外，建立康养实践者的社群，通过在线平台进行信息交流，也是一种有效的方式。在这个社群中，实践者可以定期分享案例、交流问题、共同解决实践中的难题，形成一个良好的康养实践生态系统。

  综合而言，学术研究与实践经验分享相辅相成，共同推动康养领域的发展。学术交流促使理论创新，实践经验分享提供宝贵的实际指导，二者共同为康养事业的不断进步提供支持。

第九章　风景园林康养的未来发展趋势

第一节　科技与智能化在康养中的应用

一、虚拟现实（VR）技术在康养活动中的创新应用

（一）VR 环境对心理治疗的潜在影响

VR 技术在康养活动中的创新应用为心理治疗提供了新的可能性。通过虚拟环境的模拟，个体可以接触到各种不同的场景，如自然风光、历史名胜或舒缓的音乐空间。这种虚拟体验可以激发个体积极的情感和情绪，对心理健康产生潜在的积极影响。

在心理治疗中，VR 环境可以帮助患者面对他们的恐惧和焦虑。例如，对于恐高症患者，可以通过虚拟模拟高空环境，以渐进方式帮助他们适应并克服恐惧。这种针对性的虚拟暴露能够在安全的环境中进行，提供更有控制的治疗过程。

此外，VR 技术还可以被用于创造放松和冥想的环境。通过沉浸式的虚拟场景，用户可以感受到自然风光、悠扬的音乐和舒缓的光线，从而降低焦虑水平，促进身心健康的平衡。

（二）智能化康养设备的发展趋势

智能化康养设备的发展趋势是康养领域中的一项创新举措。随着科技的不断进步，智能化设备为康养活动提供了更多的可能性，以更好地满足个体的需求。

智能康养设备包括生理参数监测仪器、个性化康复机器人、智能化运动辅助设备等。这些设备通过传感技术、人工智能等手段，实时监测个体的生理状况，并根据个体的需求提供定制化的康养方案。

例如，智能化运动辅助设备可以根据个体的运动能力和康复需求，提供个性化的运动建议和辅助。这种定制化的康养方案不仅可以提高活动效果，还能够激发个体的积极性和参与度。

总体而言，虚拟现实技术和智能化康养设备的创新应用为康养活动注入了新的活力，提升了康养的个性化和效果。这些创新举措有望在未来成为康养领域的重要发展方向，为个体提供更加全面、个性化的康养体验。

二、人工智能（AI）在康养管理中的角色

（一）健康数据分析与个性化康养建议

人工智能在康养管理中扮演着关键的角色，尤其是在健康数据分析和个性化康养建议方面。随着健康传感器和智能设备的广泛应用，大量的个体健康数据被实时收集和记录。人工智能通过高效的数据分析，能够从这些庞大的数据集中提取有关个体健康状况的关键信息。

通过深度学习和模式识别等技术，人工智能可以识别个体的生理、心理和行为模式，为康养管理提供更多的帮助。通过这些数据，人工智能能够生成个性化的康养建议，包括饮食、运动、休息等多个方面，以满足个体的健康需求。

个性化康养建议的制定不仅考虑了个体的身体状况，还综合了心理因

素、社会因素和文化因素。通过持续的数据监测和反馈，人工智能能够实时调整康养建议，使其更加贴合个体的实际情况，提高康养效果。

（二）智能康养辅助系统的发展

智能康养辅助系统是人工智能在康养管理中的又一创新应用。这些系统通过整合各类智能设备和应用，为个体提供全方位的康养支持。

例如，智能康养辅助系统可以监测个体的活动水平、睡眠质量、心率变异性等生理指标，实时反馈给用户。同时，系统还可以通过语音或视觉界面提供个性化的康养建议，引导用户进行合适的运动、放松或饮食管理。

随着智能设备的不断普及和技术的不断进步，智能康养辅助系统的功能将不断扩展。未来，可能出现更加智能化、个性化的系统，能够根据个体的实时状态和需求，提供更为细致和全面的康养服务。

人工智能在康养管理中的角色不仅在于数据分析和个性化建议，还在于推动智能化康养辅助系统的发展，为个体提供更加智能、便捷、贴心的康养体验。这一发展趋势有望进一步推动康养领域的创新并提升服务质量。

（三）AI 在康养计划个性化设计中的应用

1. 个体健康数据分析与康养方案推荐

人工智能（AI）在康养计划个性化设计中的应用旨在通过深度分析个体的健康数据，为每个个体制定定制化的康养方案。康养计划个性化设计依赖于大量的生理、心理和行为数据，这些数据来自健康监测设备、智能穿戴设备以及其他数字化工具。

AI 通过运用机器学习算法和数据挖掘技术，能够识别个体的健康模式和趋势。这包括睡眠质量、心率、运动习惯等生理数据，以及情绪状态、社交活动等心理行为数据。通过综合这些信息，AI 能够更全面地了解个体的整体健康状况。

基于对个体健康数据的深入分析，AI可以为个体提供量身定制的康养建议，涵盖了饮食、运动、心理健康等多个方面。这些康养方案不仅更具实效性，也更符合个体的需求和习惯，提高了康养计划的接受度和执行力。

2.康养计划的实时调整与优化

一个人的健康状况可能随时发生变化，因此需要对康养计划进行实时调整和优化，AI在这方面则发挥了重要作用。通过不断监测个体的健康数据，AI可以及时察觉到任何变化，并相应地调整康养计划以适应新的情况。

实时调整与优化的过程基于大数据分析和实时监测，确保康养计划的灵活性和针对性。例如，如果个体的运动量突然减少，AI系统可以推荐更适应于当前状态的锻炼方式；或者如果个体的心理压力升高，系统可能会调整放松和冥想活动的频率。

这种实时调整的机制使得康养计划更加贴近个体的实际情况，提高了康养效果和用户体验。通过AI的持续监测和反馈，康养计划能够不断演化，更好地满足个体的康养需求，为健康提供更为精准和个性化的支持。

（四）智能健康监测与康养效果评估

1.智能传感器在康养监测中的运用

随着科技的不断进步，智能传感器在康养领域的运用呈现出令人瞩目的前景。这些智能传感器可以广泛应用于监测个体的生理、心理和环境数据，为康养计划的制订和实施提供全面的支持。

在康养空间中，智能传感器可以监测个体的活动量、睡眠质量、心率、体温等数据。例如，穿戴式智能设备可以实时追踪用户的运动情况，床头智能传感器可以记录睡眠模式。这些数据通过蓝牙或云端传输，汇聚成个体的数字生命画像。

此外，环境中的智能传感器也可以感知空气质量、光照强度、噪声水平等环境因素。这有助于评估康养环境的舒适度和适宜性，从而为康养效果的提升提供科学依据。

智能传感器的运用不仅提供了全面的数据支持，而且实现了实时监测，为康养计划的个性化和及时调整提供了依据。这些数据不仅有助于了解个体的健康状况，还为科学研究提供了宝贵的实证资料，推动了康养产生的不断创新。

2. 数据分析与康养效果的追踪与评估

康养的成功与否需要通过系统的数据分析进行评估，而智能健康监测系统提供了丰富的数据源。数据分析可以涵盖多个方面，包括生理指标的变化、行为模式的转变、心理状态的波动等。

通过收集个体在康养期间的数据，可以建立个体的健康模型，进而评估康养效果。例如，通过对运动数据和生理指标的分析，可以判断康养期间的身体适应性和运动效果；对情绪和心理健康方面的数据分析则可以揭示康养活动对个体情感状态的影响。

更进一步，通过比对康养前后的数据，可以评估康养效果的长期影响。这种长期跟踪有助于理解康养活动对健康的可持续影响，为制订更为精准和有效的康养计划提供帮助。

数据分析的实施需要借助人工智能和机器学习等技术，以应对大规模数据的处理和提取有用信息。通过有效的数据分析，康养机构和个体能够更全面、准确地认识康养效果，为不断优化康养方案提供科学支持。

三、虚拟现实（VR）技术在康养活动中的创新应用

（一）VR 与心理治疗的进一步整合

1.虚拟环境对焦虑与抑郁症的治疗效果

VR 技术在心理治疗中的应用日益引起关注，尤其是其在焦虑和抑郁症治疗方面的独特效果。通过虚拟环境，治疗者能够为患者创造各种情境，提供一种安全而可控的空间，使其能够逐渐面对和适应引起焦虑和抑郁的因素。

在治疗焦虑方面，VR 技术可以模拟导致患者焦虑的情境，如飞行、高处或社交场合等。治疗者可以通过逐渐引导患者在虚拟环境中进行暴露，帮助其逐渐适应并减少焦虑反应。这种模拟的虚拟体验为患者提供了一种低风险的练习机会，有助于增强其应对焦虑的能力。

在抑郁症治疗方面，虚拟环境也能发挥重要作用。通过创造美丽、宁静的虚拟场景，患者可以放松身心，改善情绪状态。治疗者还可以利用虚拟现实提供的互动性，设计一些基于认知行为疗法的活动，帮助患者改变负面的思维模式，增进积极的情感。

总体而言，虚拟现实技术为心理治疗提供了一种更为生动、沉浸式的方式，有望成为治疗焦虑和抑郁症的有效辅助手段。

2.VR 技术在心理康复中的新应用方向

随着虚拟现实技术的不断发展，其在心理康复中的应用方向也在不断拓展。除了焦虑和抑郁症的治疗，VR 技术还可以在其他心理障碍的康复中发挥积极作用。

例如，在创伤后应激障碍（PTSD）的治疗中，虚拟现实可以用于再现患者经历的创伤场景，以帮助其逐渐面对和处理这些经历。治疗者可以通过调整虚拟环境中的因素，逐渐引导患者适应并减轻其对创伤的过度恐惧反应。

此外，VR 技术还可以应用于强迫症、社交焦虑症等多种心理障碍的康复过程中。通过模拟各种情境，治疗者可以制订个性化的康复计划，帮助患者克服心理障碍，提高社交技能，改善生活质量。

总体来看，VR技术在心理康复中的新应用方向将为更多心理健康问题的治疗提供更为创新和个性化的解决方案。这一技术的不断进步将推动心理治疗领域朝着更加智能、精准的方向发展。

（二）互动式康养体验的设计

1.VR与康养活动的融合设计

随着VR技术的不断发展，其与康养活动的融合设计成为提升参与者体验的创新途径。通过巧妙地将VR技术与康养活动相结合，可以打破传统康养的时空限制，提供更为丰富、多样的体验。

在运动康养方面，VR可以模拟各种运动场景，使参与者感受到在自然风景中进行锻炼的乐趣。例如，通过虚拟登山体验，参与者能够在户外山脉中行走，感受新鲜空气，增强锻炼的动力和乐趣。这种融合设计可以激发参与者的积极性，使康养活动更富有吸引力。

在艺术康养领域，VR技术也能为参与者提供沉浸式的艺术体验。通过虚拟画廊或演出场地，参与者可以欣赏到世界各地的艺术品或表演，拓展视野，促进情感的表达与释放。这种融合设计不仅为参与者提供了独特的文化体验，同时也通过艺术的力量加快了心理康复。

2.VR技术提升康养活动的参与感与效果

VR技术的引入不仅拓展了康养活动的形式，更提升了参与者的参与感与活动效果。通过沉浸式的虚拟环境，参与者能够更深入地融入活动中，感受到更真实的情感体验。

在康养活动中，特别是针对特殊群体的活动设计，VR技术可以提供更贴近实际需求的体验。例如，对于长期卧床的患者，VR技术可以为他们提供虚拟旅行的体验，让他们感受到探索世界的乐趣，缓解因卧床而产生的焦虑情绪。

此外，VR 技术的交互性也使得康养活动更具个性化。参与者可以在虚拟环境中做出选择，影响活动的走向，从而满足不同参与者的个性化需求。这种交互性的设计使康养活动更具参与性，增加了活动的实效性和吸引力。

综上所述，通过将 VR 技术与康养活动巧妙结合，设计出更具创新性和参与性的体验，不仅能够拓展康养活动的可能性，也有望提升参与者的康养效果。这种互动式康养体验的设计代表了康养领域不断追求创新和个性化的发展趋势。

四、未来科技发展对康养的影响

（一）新兴科技在康养领域的潜在应用

1. 生物技术与康养的创新应用

生物技术的快速发展为康养领域带来了前所未有的创新机会。通过生物技术，我们能够深入理解人体生理、生化的运作机制，并将这些知识应用于康养实践中，从而提升康养效果。

在遗传医学方面，基因编辑技术的发展为个体化康养提供了可能性。通过分析个体基因信息，可以制定更为精准的康养方案，满足不同基因型的个体需求。这种定制化的康养策略有望提高康养效果，减少不良反应，使康养更贴近个体特征。

此外，生物技术还可以应用于药物研发。通过合成具有特定康养效果的生物药物，可以创造出更有效的康养治疗手段。这种药物的研发不仅可以用于常规疾病的治疗，还有望在康养中促进身体的自我修复和再生。

2. 量子计算在康养研究中的可能贡献

量子计算作为一种新兴的计算模式，其在信息处理速度和能力方面的优势为康养研究提供了新的可能性。在康养领域，量子计算有望加速复杂康养模型的计算和模拟，使康养研究更加精细和全面。

量子计算能够处理大规模、高复杂度的数据，这对于康养研究中需要分析的多维数据十分重要。通过利用量子计算，研究者可以更准确地模拟康养活动对生理和心理的影响，为康养理论提供更为丰富和深刻的理解。

此外，量子计算还有望在康养个体化方面发挥作用。通过处理个体康养数据，量子计算可以更高效地识别康养活动对个体的适应性，从而为个性化康养方案的设计提供更加准确和实用的信息。

综合来看，生物技术和量子计算的发展为康养领域带来了潜在的创新应用，这些技术的不断演进有望为未来康养研究和实践带来新的突破和进展。这也进一步强调了科技在促进康养领域发展中的重要性。

（二）科技发展对康养服务模式的重构

1. 人工智能在康养服务智能化中的作用

人工智能（AI）在康养服务领域的智能化中扮演着关键的角色，为康养服务提供了更加智能、个性化的解决方案。首先，AI技术可以通过大数据分析和机器学习，更好地了解个体的康养需求。通过监测和分析用户的生理、心理数据，系统能够实时调整康养方案，使其更符合个体的实际状况，提高康养服务的针对性和效果。

在康养服务的智能辅助方面，AI还能够通过语音识别、人脸识别等技术，提供更加便捷的服务。例如，通过语音助手的引导，用户可以获得个性化的康养建议；人脸识别技术可以用于身份验证，确保康养服务的安全性。这些技术的运用不仅提升了康养服务的智能程度，也提高了用户的参与感和体验度。

2. 未来科技对康养产业模式的启示

未来科技的发展对康养产业模式带来了深刻的启示，促使其从传统模式中转变出新的发展路径。随着科技的不断演进，康养产业可以更加全面地考虑整个康养周期，包括预防、干预和康复等阶段。

智能化技术为远程康养提供了更广泛的可能性，使得康养服务不再受时间和空间的限制。通过远程监测、远程诊疗等手段，康养服务可以更好地满足用户的个性化需求。同时，未来科技的发展还可能带来康养服务的个性化定制，通过基因信息、健康数据等个体化因素，为用户提供更精准的康养服务。

另外，新兴技术的应用也可能促使康养产业向跨界整合的方向发展。这些技术与医疗、健康科技、智能家居等行业进行融合，将会为康养服务提供更为全面、多元的解决方案。这样的跨界整合有望实现康养服务的全产业链覆盖，形成更为完善的康养生态系统。

总体而言，科技的发展对康养服务模式的重构起到了推动作用，为更加智能、个性化、跨界融合的康养服务提供了广阔的发展空间。这也意味着康养产业在未来将更加注重创新和科技驱动，以满足人们不断升级的健康需求。

第二节　生态康养与自然保护的结合

一、生态系统恢复与康养环境设计

（一）保护生态环境对康养的积极影响

生态系统的恢复和保护对于康养环境设计具有深远的积极影响。首先，生态系统的健康与人类的健康密切相关。通过保护自然生态系统，减少人类活动对生态环境的破坏，有助于改善环境空气质量、水质和土壤质量。清新的空气、清澈的水源及富饶的土壤为康养提供了良好的自然基础。

保护生态环境还有助于维持生物多样性，提供更加丰富多彩的自然景观。这些景观不仅为康养者提供了美的享受，同时丰富的植物和动物种类也为康养者提供了更广泛的观察和互动机会，增强了身心的愉悦感。

生态系统的恢复还能够创造更加和谐平衡的生态氛围，降低大气中有害物质的浓度，减少噪声污染，为康养者提供更加宁静、安静的环境。这种环境有助于缓解情绪压力、改善睡眠质量，为个体的身心健康创造更为有利的条件。

（二）自然保护区与康养旅游的融合

自然保护区与康养旅游的融合为康养者提供了独特的体验和机会。首先，自然保护区通常拥有原始的、未受污染的自然生态系统。康养者在这样的环境中可以真切感受到大自然的原始之美，远离城市的喧嚣和污染。这种与自然直接接触的体验有助于康养者心灵的宁静和放松。

此外，自然保护区的康养旅游项目通常以可持续的方式进行，强调对环境的尊重和保护。这为康养者提供了参与生态保护的机会，通过参与环保活动、了解当地的生态保育项目，使其更加深刻地体会到人与自然和谐共生。

融合自然保护区与康养旅游，不仅为康养者提供了独特的康养体验，也在一定程度上推动了自然保护区的可持续管理和发展。通过吸引更多的康养者，自然保护区得以获得更多的关注和支持，实现了生态环境的双赢。

二、生态文明理念在康养中的推动

（一）可持续发展与生态康养的共生

生态文明理念在康养中推动了可持续发展和生态康养的共生。可持续发展强调经济、社会和环境的协同发展，而生态康养正是在这一理念的引领下得以发展。首先，生态康养通过提倡在康养环境设计中的可持续性原则，鼓励使用环保材料、节能技术和生态友好设计，以减少对自然资源的消耗和环境的负荷。

可持续发展的观念还促进了康养项目对自然生态系统的尊重和保护。在康养活动中，强调参与者对生态环境的关爱，通过参与环保活动、植树造林等方式，将可持续发展理念融入康养者的日常实践中。

此外，生态康养与可持续发展理念相辅相成，强调人类与自然的和谐共生。通过提供与自然亲近的体验，康养者能够更深刻地体验到与自然共存的美好，激发对生态环境的责任心和可持续发展的意识。

（二）生态保育与康养旅游的协同发展

生态文明理念推动了生态保育与康养旅游的协同发展。康养旅游的兴起促使更多地区将自然保护区与康养活动相结合，实现了资源的共享和保育的双赢。生态保育与康养旅游的协同发展在以下几个方面表现得尤为明显。

首先，通过引入康养旅游项目，自然保护区得到了更多的关注和支持。游客的到来促使当地政府和社区更加重视自然保护区的管理，从而实现了生态系统的稳定性和可持续发展。

其次，康养旅游在开展活动时通常注重自然环境的保护，规划合理的游览线路，制定游客行为准则，防止游客对生态环境的破坏。这有助于保护自然生态系统的完整性，维持自然景观的原始状态。

最后，生态保育与康养旅游的协同发展提供了更多的生态教育机会。通过康养旅游，游客能够更深入地了解当地的生态系统、植物和动物种类，进而增强对自然环境的认知和保护意识。

（三）环保意识在康养活动中的培养

1.康养项目中的环境教育与宣传

在康养活动中培养环保意识是推动环保与康养的共生发展的重要一环。康养项目可以通过环境教育与宣传活动，向参与者传递关于生态系统、环境保护和可持续发展的知识。这包括组织生态讲座、展览、工作坊等形式，使康养者更深入地了解自然环境的价值，引导他们从心理上对环境产生积极的情感。

通过实地参与环保活动，康养者可以亲身体会环保工作的重要性。例如，组织康养者参与植树活动、环境清理等，使他们亲身参与到环保实践中，增强他们的环保责任感。

同时，康养项目还可以借助社交媒体和其他宣传渠道传播环保理念。通过分享环保案例、推广环保知识，康养者能够在日常生活中更主动地关注和参与环保活动，形成可持续的环保行为习惯。

2. 环保理念与康养体验的结合

康养活动可以巧妙地将环保理念与康养体验相结合，创造出更具吸引力的活动形式。例如，通过在自然环境中进行手工艺制作，康养者可以利用环保材料，体验手工艺创作的同时培养对可持续性的关注。

康养活动的设计可以注重自然与环境的融合，如在户外进行瑜伽、冥想等，让康养者在享受活动的过程中感受到自然环境的美好，激发对自然的保护意识。

通过在康养活动中引入环保元素，如植树、环境艺术创作等，康养者能够更直观地感受到自己对环境的积极影响，激发他们对环保事业的认同感和参与热情。

总体而言，通过环境教育与宣传，以及将环保理念与康养体验相融合，康养项目可以培养康养者的环保意识，推动环保与康养的有机结合。这不仅有助于个体的心理健康，也为社会的可持续发展贡献力量。

（四）社区生态共建与康养

1. 社区居民参与生态康养的激励机制

社区居民的积极参与是社区生态康养的核心。为激励他们融入这一生态共建的体系，需要设计合理的激励机制。

社区奖励计划是其中一种关键机制。这一计划可以涵盖多方面，包括对参与者的物质奖励，如生态商品或服务的折扣，同时也可以包括非物质奖励，如为积极参与者提供社区领导机会或特殊活动参与资格。通过这样的激励，社区居民将更有动力参与各项生态康养活动。

此外，信息透明度也是激励机制的重要一环。社区居民需要清晰地了解他们参与的生态康养项目的具体影响，以及他们个人参与的重要性。透明的信息传递将激发居民的责任感，使他们更愿意积极参与。

互助网络的建立也是促进社区居民参与的关键因素。通过建立在线或线下的社区互助网络，居民可以分享经验、资源和成果，形成相互支持的生态康养社区。这种协作互助不仅能够鼓励个体参与，还有助于建立更加紧密的社区关系。

2.生态康养对社区环境的积极影响

生态康养的实践不仅对个体健康有益，还能在更大范围内积极影响整个社区环境。

首先，生态康养项目的推动会导致社区内的自然景观提升。通过绿化、景观设计等手段，社区居民可以在身边感受到更为美好的自然环境。这不仅有助于提升个体的心理愉悦感，还促进了社区整体的宜居性。

其次，生态康养的实践有助于培养社区居民的环保意识。参与康养活动的过程中，居民更容易理解生态系统的脆弱性，从而更加注重环保实践，如垃圾分类、能源节约等。这样的环保行为不仅改善了社区内部的生活质量，也对整体社会产生了积极的影响。

生态康养的共建过程还有助于增强社区的凝聚力。共同参与康养项目，分享康养体验，使社区居民之间建立起更为紧密的联系。这种互动有助于缓解社区内的紧张关系，促进社区成员之间的友好互动。

总体而言，社区生态共建与康养是一种互利共生的模式，既推动了居民个体的健康和幸福感，又为整个社区带来了积极而可持续的发展。

三、未来生态康养发展方向

（一）全球气候变化对生态康养的挑战

1. 气候变化与康养环境的适应策略

全球气候变化带来的极端天气、气温升高、自然灾害频发等问题对康养环境提出了深刻的挑战。为了适应这些变化，制定有效的适应策略至关重要。

首先，康养空间的设计需要更加注重气候适应性。在面对气温上升、降水量变化等问题时，康养环境可以通过采用可调节的遮阳设施、水资源合理利用等手段，确保在不同气象条件下仍能提供适宜的康养体验。同时，建筑物的设计也需要考虑抗震、抗风等自然灾害的因素，以保障康养环境的稳定性。

其次，推动绿色能源的应用是缓解气候变化对康养环境影响的重要途径。减少对化石燃料的依赖，采用可再生能源，如太阳能、风能等，有助于削减温室气体排放，减缓气候变化的速度。这不仅对康养环境本身有利，同时也符合可持续发展的理念。

2. 生态康养在缓解气候变化中的作用

生态康养在缓解气候变化方面具有独特的作用，可以通过多方面的方式积极响应并减轻气候变化的影响。

首先，生态康养注重自然环境的保护与恢复。通过植被的保护和生态系统的恢复，生态康养项目可以增加碳汇容量，减缓温室气体的排放。同时，这些项目还能够改善土壤质量、水质，为当地的生态系统提供支持。

其次，生态康养活动培养了人们的环保意识。通过参与生态康养项目，个体更容易认识到自然环境的重要性，从而更愿意做出环保行为。这种意识的培养对整个社会的气候行动具有积极的推动作用。

总体而言，面对全球气候变化的挑战，生态康养既要通过策略来确保康养环境的可持续性，也要通过生态保护和环保意识的培养，为缓解气候变化做出贡献。

（二）生态康养新兴技术的探索

1. 生态传感器与康养环境监测

生态传感器技术是生态康养领域的一项重要创新，通过将先进的传感器应用于康养环境中，可以实现对自然生态系统的实时监测和数据采集。这为康养空间提供了更深入、全面的环境信息，从而能够更精准地满足人们的康养需求。

通过生态传感器，康养空间可以监测空气质量、土壤湿度、植被生长状况等多个方面的指标。这些数据不仅为康养环境的管理者提供了科学依据，还可以实现智能化的环境调控。例如，根据传感器监测的环境数据，系统可以自动调整温度、湿度及灯光等，为用户创造更适宜的康养环境。

2. 生态信息技术在康养活动中的创新应用

生态信息技术的创新应用在康养活动中具有广泛的前景。这包括但不限于生态游戏、虚拟现实（VR）生态体验等，通过科技手段将用户与自然环境更紧密地联系在一起。

生态游戏可以通过智能设备和传感器技术，将用户的康养活动嵌入游戏场景中，激发参与者的兴趣。例如，通过手机应用，用户可以进行户外活动，收集环境数据，完成任务，从而在游戏中获得奖励。这样的创新不仅增加了康养活动的趣味性，还促使用户更积极地融入自然环境中。

虚拟现实生态体验则为那些无法亲临大自然的人提供了全新的康养方式。通过戴上VR设备，用户仿佛置身于自然景观中，能够感受大自然的美丽和宁静。这种技术的应用不仅满足了城市居民对自然的渴望，也丰富了康养活动的形式。

总体来说，生态康养领域生态传感器和生态信息技术的探索，为康养活动提供了更为智能、个性化的体验，同时也促进了科技与生态保护的融合，推动了康养领域的不断发展。

第三节　文化康养与传统文化的传承

一、传统文化元素在康养设计中的应用

（一）古典艺术与园林康养的结合

传统的古典艺术元素被巧妙地融入园林康养设计，为康养环境注入了独特的文化氛围。古典园林常常以诗画般的景致、精致的建筑和精心设计的植被为特色。这些艺术元素不仅是视觉上的享受，更是一种精神上的愉悦。

在园林康养中，古典艺术元素的运用通常体现在景观的布局、雕刻和装饰等方面。传统的园林结构，如假山、水榭、回廊等，不仅提供了独特的空间感受，同时也营造了一种宁静、幽深的氛围。通过对古典艺术的借鉴，康养环境得以打破单调，使人们在欣赏美景的同时，沉浸于悠久的文化传统之中。

（二）传统建筑风格在康养环境中的创新运用

传统建筑风格的运用为康养环境增添了历史的沉淀和文化的底蕴。在康养场所，传统建筑元素通常表现为古老的建筑风格、传统的建筑结构及古朴的装饰艺术。这样的设计不仅赋予了康养环境独特的外观，同时也引导人们沉思、放松，感受到传统文化的包容与温暖。

创新的运用包括将传统建筑风格与现代康养理念相结合，打造更具舒适性和功能性的场所。例如，将传统建筑结构融入现代的疗养院设计中，创造出独特而适用的康养空间。这样的创新运用不仅延续了传统文化的精髓，也满足了现代人对舒适生活的追求。

通过将古典艺术和传统建筑元素融入园林康养设计，不仅实现了文化传承，更为康养环境注入了独特的魅力。这样的设计使人们在康养活动中能够深刻地感受到传统文化的内涵，为心灵提供愉悦与安宁。

（三）传统艺术与康养环境美化

1. 传统绘画、雕塑等艺术形式在康养空间的应用

传统艺术形式，如绘画和雕塑，被巧妙地融入康养环境，为其增色添彩。绘画作为一种视觉艺术，在康养空间中常以传统绘画风格为灵感，通过墙壁画、壁画等形式，为康养场所注入文化氛围。这些绘画作品包括自然风景、传统人物、抽象艺术等，旨在通过视觉上的艺术享受促进人们的情感愉悦。

雕塑作为一种立体艺术形式，在康养空间中常用来创造独特的景观和装饰元素。传统雕塑通常以寓意深厚的题材为主，通过雕塑作品的放置，营造出康养场所独特的文化氛围。这些艺术品的存在不仅美化了环境，同时也为康养活动提供了多维度的艺术体验，激发参与者的创造力和想象力。

2. 传统手工艺与康养元素的融合

传统手工艺作为文化传承的一部分，与康养元素的融合为环境增添了独特的韵味。手工艺包括传统的编织、陶艺、木工等技艺，通过这些手工制品的运用，康养环境得以展示传统技艺的精湛和人文关怀的温暖。

在康养场所，传统手工艺品可以用于装饰、功能性的设计，以及康养活动的参与。例如，手工编织的软装配饰、传统陶瓷制品的展示等，都能为康养环境注入独特的文化元素。通过参与手工艺制作，康养活动的参与者能够感受到传统文化的精髓，促进创造性思维和社交互动。

传统艺术和手工艺的应用不仅美化了康养环境，也通过文化传承的方式，为参与者提供了更为丰富、深层次的康养体验。这样的美学融合创造了一个富有文化底蕴的康养空间，为参与者提供了更为丰富的感官享受和心灵滋养。

（四）古老传统智慧与现代康养理念的交融

1. 传统智慧在康养活动中的运用

古老的传统智慧源远流长，其中所蕴含的养生之道在现代康养理念中得到了重视与运用。康养活动往往借鉴了古老的智慧，如中医养生、气功、禅修等传统文化元素，将其巧妙地融入康养项目中。

中医养生的理念强调身心的和谐平衡，康养活动包括传统的气功练习，以促进气血顺畅、调整身体功能。禅修作为冥想和心灵平静的一种方式，也被引入康养项目，帮助个体缓解压力、提高注意力。

通过传统智慧的引导，康养活动得以更全面地满足参与者的身体、心理和精神需求。古老智慧中的方法，经过科学验证，为现代康养提供了更为丰富的内容和更深层次的效果。

2. 传统养生方法与现代康养的结合

古老的养生方法，如中医养生、食疗、草药疗法等，被巧妙地结合到现代康养理念中，为人们提供了更全面的健康保障。传统的养生方法注重人与自然的和谐，通过饮食、运动、调理情绪等多方面的方式，维持身体的平衡。

在现代康养项目中，可能包含由专业医生或中医师设计的个性化饮食方案，结合传统的食疗理念，为参与者提供全面的养生体验。草药疗法也可能被纳入康养项目，以自然、温和的方式促进身体的自我调理。

通过与传统养生方法的结合，现代康养不仅提供了更为个性化的服务，同时也延续了古老智慧的深刻内涵。这种文明传承的交融，为康养项目注入了更多的文化元素，使参与者在养生的同时体验到传统智慧的魅力。

二、文化康养活动与社区文化传承

1. 传统节庆与康养活动的融合

在康养活动的设计中融入传统节庆元素，不仅使康养更加有趣和富有仪式感，同时也起到了传承和弘扬当地文化的作用。传统节庆是社区文化的重要组成部分，融入康养活动可以使参与者在康养中感受到浓厚的文化氛围。

例如，在春节期间，康养活动可以结合传统的舞龙舞狮、传统手工艺制作等元素，为参与者带来欢乐和传统文化的体验。这种活动不仅使人们享受到康养的益处，同时也促使传统节庆的传承得以延续。

2. 康养项目对当地文化的贡献

康养项目作为社区的一部分，对当地文化的贡献不仅体现在活动中，更体现在对文化的尊重和保护上。通过康养活动，社区可能会邀请当地艺术家、文化专家等进行讲座、表演，使传统文化得以展示和传承。

康养项目可能还鼓励参与者分享他们的文化经验，促进社区内不同文化间的交流与理解。这种文化的贡献使得康养不仅是个体健康的关照，也是对整个社区文化传承的积极助力。

3. 社区康养活动与传统节庆

（1）社区康养活动中的传统文化元素。

社区康养活动的设计应注重融入传统文化元素，以丰富活动内容，激发居民参与的兴趣。通过将传统文化融入康养活动，不仅能够促进社区居民对传统文化的认知，还能够为他们提供深度的康养体验。

例如，在康养健身活动中，可以引入传统的太极拳、气功等运动形式，结合传统文化内涵，使参与者在锻炼身体的同时感受传统文化的魅力。这样的设计不仅能够提高活动的吸引力，也有助于传承和弘扬传统文化。

（2）传统节庆在社区康养中的角色。

传统节庆在社区康养中扮演着重要的角色，它不仅是康养活动的载体，还能够在社区中营造浓厚的文化氛围。社区康养活动通常会选择在传统节庆期间进行，以更好地凝聚社区居民的参与热情。

举办传统节庆相关的康养活动，包括社区联欢、庙会游园、传统美食分享等。这样的活动既让居民感受到传统文化的魅力，也增强了社区凝聚力和归属感。传统节庆成为社区康养的重要元素，为康养活动注入更多文化底蕴，使其更具深度和内涵。

通过社区康养活动与传统节庆的巧妙结合，社区不仅能够提供多样化的康养服务，更能够激发居民对传统文化的兴趣，促进社区的文化传承和共建。

4. 文化康养与当地社区的深度融合

（1）地方特色与文化传统的康养体验。

（2）康养项目对当地社区文化传承的支持。

三、文化康养的社会意义

（一）文化康养对社会凝聚力的促进

1. 地方特色与文化传统的康养体验

文化康养应当充分结合当地社区的地方特色和文化传统，以创造独特而深刻的康养体验。通过体验地方传统，居民能够更好地融入社区氛围，感受到身处文化沃土的康养魅力。

在康养项目中引入地方特色的风俗、传统手工艺、当地美食等元素，不仅可以激发居民对本地文化的热爱，还能够提高他们活动的参与度。例如，组织传统手工艺展示、举办当地特色美食节等，都是将文化融入康养活动的有效手段。

2.康养项目对当地社区文化传承的支持

文化康养项目应该成为当地社区文化传承的有力支持者。通过康养活动,传承地方文化得以活化,并通过新的形式传递给后代。在康养项目中,可以邀请当地传统技艺传承人进行展示与培训,使传统技艺焕发新生命。

同时,通过康养项目的策划,可以将社区文化元素有机地融入康养空间的设计中,使康养环境不仅仅是生理和心理的滋养,更是文化传承的载体。这样的设计既能够提高居民的康养参与度,也有助于当地文化的传播与延续。

通过深度融合文化康养与当地社区,康养活动不仅可以达到身体与心灵的滋养,更能够为当地社区的文化传承提供有益支持,实现文化康养与社区共荣共存。

(二)传统文化康养的国际传播与互鉴

1.文化康养活动对社区成员的共鸣与融合

文化康养活动不仅提供了一个共享和传承文化的平台,还促进了社区成员之间的共鸣与融合。通过参与各种文化康养活动,社区居民能够更加深入地了解彼此的文化背景和价值观念,增进相互理解和认同。例如,举办传统节庆活动、文化表演、艺术展览等,可以激发居民的情感共鸣,增强社区凝聚力。

这些活动为社区成员提供了展示自己特长和才华的机会,不同文化背景的人们可以共同参与、共同创作,促进了跨文化的交流与融合。通过共同参与文化康养活动,社区成员之间的情感联系得以加强,形成了一种共同体验和共同记忆,增强了社区的凝聚力。

2.康养项目对社会文化认同的贡献

文化康养项目的开展对社会文化认同起到了积极的促进作用。这些项目不仅在康养空间中融入了当地文化元素,更通过举办各种文化庆典、传统仪式等活动,弘扬了社区的文化精神,提升了社会的文化认同感。

康养项目可以成为社区的文化象征和精神家园，吸引更多人前来参与并与之产生情感共鸣。通过在康养活动中传承和弘扬当地的文化传统，社会成员的文化认同感得到加强，形成了一种共同的身份认同，进一步增强了社会的凝聚力和稳定性。

因此，文化康养活动对社会凝聚力的促进作用不容忽视，它不仅加强了社区成员之间的联系和认同，也为社会的文化认同感提供了重要支持，促进了社会的和谐发展。

第四节　公共政策与康养发展

一、康养政策的法规化与标准化

（一）康养行业管理体系的建立

随着康养理念日益受到社会关注，各国纷纷开始制定并逐步完善康养行业的管理体系，以确保康养服务的质量、安全和可持续发展。建立康养行业管理体系是一项复杂而系统的工程，旨在通过明确规范、权责分明、监管有力的机制，为康养服务提供有力支持。这一管理体系通常包括康养服务的法规和标准、机构的组织结构、从业人员的培训与认证、服务质量评估等内容。政府、行业协会、企事业单位等各方需要协同合作，共同制定并推动实施这一体系。通过法规和标准的制定，可以规范康养服务提供者的行为，保障服务质量，提高行业整体水平。

（二）公共政策对康养设施的规范要求

公共政策在康养设施规范要求方面起到了关键作用。为确保康养设施的建设和运营符合公众利益、居民需求及社会法规，政府通常会制定一系列规范性文件，明确康养设施的规划、设计、建设、管理和服务等方面的要求。

这些规范要求可能涉及建筑的可达性、设施的安全性、服务的专业性等多个方面。通过公共政策的引导，康养设施能够更好地满足不同人群的需求，保障服务的普及和均等性。政府还可能通过一系列财政、税收、土地等政策手段，为康养设施的建设提供支持，推动康养产业的良性发展。

在国家层面，公共政策的法规化与标准化是确保康养服务行业规范运行的基础，也是保障康养服务质量和安全的重要手段。这一过程不仅能够推动康养服务的健康发展，同时也有助于提升社会对康养的认知和接受度。

（三）政府机构与康养政策的合作

1.不同政府层级在康养事业中的协同

康养事业需要不同政府层级之间的紧密协同，以形成一体化的政策体系和服务网络。在国家层面，中央政府通常负责整体规划、政策法规的制定和国家层面的康养事业推动。地方政府则根据中央政策，结合本地实际，负责制定和实施符合地方特色的康养政策。

各级政府之间的协同还涉及资源的合理配置，包括财政、土地、人才等方面的支持。例如，中央政府可以通过财政支持引导康养服务业的发展，地方政府则可以提供土地资源或减免税收等方面的支持。政府层级之间的有效协作有助于实现康养事业的全面发展，使各地的康养服务更具可持续性和全面性。

2.康养政策的跨部门合作与整合

康养事业涉及多个领域，包括卫生健康、城乡规划、文化旅游等。为了更好地推动康养事业，政府需要实现跨部门的协同合作与整合。各部门之间需要共享信息、资源，制定统一的政策标准，并推动相关法规的协同配套。

跨部门合作还有助于解决康养事业中的交叉问题，如卫生健康与文化旅游的融合、城市规划与康养环境的协调等。通过政府各部门之间的有机合作，可以形成更为完善的康养政策框架，提升康养事业的整体水平。

在政府机构与康养政策的合作中，信息共享、资源整合、政策配套是关键步骤，旨在实现康养事业的全面发展和政策的高效实施。政府不同层级之间的密切协同将有助于形成更具前瞻性和针对性的康养政策。

（四）法规对康养服务提供商的监管

1. 康养机构的法律责任与义务

康养服务提供商在提供服务时需要受到一系列法规的监管，以确保服务的合法性、公正性和安全性。法规对康养机构的法律责任和义务进行了明确规定，这涵盖了多个方面。

首先，康养机构在运营过程中需要遵循相关劳动法律法规，确保员工的合法权益，包括工资、工时、劳动合同等方面的规定。此外，康养机构还需要关注卫生健康法规，确保服务场所的卫生环境符合相关标准，保障服务的健康安全。

法规还规定了康养机构在提供服务时的责任，包括事故处理、突发状况的应对等。康养机构需要建立健全的管理体系，确保服务的规范性和可控性。对于康养服务的广告宣传，法规也有相关规定，防止虚假宣传误导消费者。

2. 法规对康养服务质量的标准要求

康养服务的质量标准受到法规的监管，这是确保服务水平和效果的关键。法规规定了康养服务的基本要求，包括但不限于以下几点。

（1）服务标准。法规对康养服务的内容和质量提出了明确要求，如康复护理的专业水平、心理健康服务的科学性等。康养服务提供商需要根据这些标准制定相应的服务方案和实施细则。

（2）设施标准。法规对康养机构的设施要求有明确规定，包括场地面积、通风设施、卫生条件等，旨在提供一个良好的康养环境，以利于用户的身体和心理健康。

（3）隐私保护。法规规范了康养服务对用户个人隐私的保护要求，要求康养机构建立健全信息保护体系，确保用户个人信息的安全性。

这些法规的制定旨在确保康养服务的安全性、有效性和可持续性，为康养服务提供商提供了明确的行为规范和服务标准。遵循这些法规有助于提高康养服务的整体水平，增强用户信任感，促使康养行业健康有序地发展。

二、资金投入与康养事业的可持续发展

（一）政府与企业间的合作机制

康养事业的可持续发展离不开政府与企业的合作机制，这一合作机制构建了可持续的资金支持、政策保障和服务创新体系。

首先，政府在康养事业中的角色至关重要。政府可以通过制定相关政策和法规，为康养产业提供良好的政策环境。这包括对康养机构的注册、审批和监管等方面的规范，以确保服务的合法性和质量。政府还可以通过财政投入、税收优惠等方式，直接支持康养事业的发展。

其次，在合作机制中，企业扮演着康养服务的主要提供者角色。企业可以根据政府的政策引导和市场需求，开发具有创新性和竞争力的康养产品和服务。政府则通过提供相关的政策和经济支持，激发企业的积极性，促使其在康养领域发挥更大作用。

（二）社会资本对康养事业的投入

社会资本的投入对康养事业的可持续发展同样至关重要。社会资本包括私人投资、社会组织和公益基金等，它们可以通过多种方式参与康养事业，推动其发展。

私人投资是社会资本中的重要组成部分，可以通过投资康养机构、康养项目或者参与康养服务的创新与发展，为康养事业提供资金支持。这种投资模式不仅有助于企业的盈利，也提高了康养服务的市场竞争力。

社会组织和公益基金可以通过设立康养项目、举办康养活动、提供研究经费等方式参与康养事业。这种非营利性的投入形式更注重社会责任和公益性，有助于推动康养事业的全面发展，服务更广泛的人群。

在资金投入与康养事业的可持续发展中，政府、企业和社会资本共同构建了一个合作共赢的生态系统。这种多方合作机制有助于形成全社会对康养事业的支持，推动康养产业的良性循环和不断创新。

（三）公共资金支持与康养项目扶持

1. 政府财政投入与康养服务的补贴政策

政府的财政投入是康养事业可持续发展的重要保障。通过制定财政政策，政府可以为康养机构提供直接的经济支持，以促进康养服务的普及和提高服务质量。

首先，政府可以设立专项基金，用于支持康养机构的建设、改造和设备更新。这些基金可以通过拨款、补贴或者贷款等方式提供给康养机构，降低其建设和运营成本，促使更多机构投入康养服务。

其次，政府可以通过税收政策为康养机构减免一定的税收负担。这包括减免企业所得税、消费税等，以提高康养机构的经济效益，吸引更多企业参与康养服务活动。

2. 公共资金对特殊群体康养的关注与支持

在康养事业中，政府公共资金对特殊群体的康养尤为关键。这些特殊群体包括老年人、残障人士、慢性病患者等，其康养需求更为特别，需要更多的专业支持和服务。

政府可以通过设立专项基金，用于支持特殊群体康养项目的开展。这些项目可以包括建设专门的康养机构、提供个性化的康养服务、推动相关研究等。通过公共资金的投入，特殊群体能够更好地享受到康养服务，提高其生活质量和幸福感。

此外，政府还可以通过购买服务、补贴康养项目等方式，直接支持特殊群体的康养需求。这种形式的支持有助于康养服务更全面地覆盖社会各个群体，实现康养事业的公平与包容。

（四）社会资本参与与康养产业的合作

1. 社会资本对康养企业的投资与合作模式

社会资本的参与是促进康养产业发展的重要动力之一。通过社会资本的投资和合作，康养企业可以获得更多的资金支持，推动康养服务的创新和扩张。

首先，社会资本可以通过投资康养企业股权、债券等方式，为企业提供丰富的经济资源。这种投资模式有助于企业扩大规模、提升服务质量，同时也为投资者带来经济回报，形成共赢局面。

其次，社会资本还可以与康养企业建立战略合作伙伴关系。通过与金融机构、科研机构、技术公司等的合作，康养企业可以充分利用各方资源，共同推动康养服务的发展。例如，与科研机构合作开展康养技术研究，与金融机构合作实施资金支持计划等。

2. 企业社会责任在康养领域的实践

企业社会责任（Corporate Social Responsibility，CSR）在康养领域的实践对于增强企业的社会形象、提升品牌价值至关重要。企业的社会责任不仅仅是义务，更是企业对社会的回馈和所要承担的责任。

首先，康养企业可以通过推动康养科研、宣传康养知识等方式履行社会责任。投入科研项目、组织康养健康讲座、制定康养指南等，有助于提升公众对康养的认知，推动康养文化的普及。

其次，企业还可以通过捐赠、赞助康养项目、支持社区康养活动等方式实现社会责任。这种形式的参与有助于建立企业与社会的紧密联系，提高企业在社会中的影响力，同时也为康养事业投入更多的资源。

总体而言，社会资本的积极参与及企业的社会责任实践是康养产业可持续发展的关键因素，为行业的进一步壮大和完善提供了强大支持。

三、康养政策的社会效应

（一）政策对康养服务普及率的影响

1. 政策落地对康养服务普及的直接影响

政策在康养服务领域的制定和实施对普及率具有直接而深远的影响。首先，政府对康养服务的政策支持可以通过财政投入、税收优惠等方式，为康养机构提供资金支持，降低服务成本，从而推动服务的覆盖范围扩大。

其次，政府的政策导向对康养服务提供商的发展方向产生直接影响。例如，鼓励发展特定类型的康养项目、推动康养与医疗、养老等领域的深度融合，都能够在一定程度上促使康养服务的普及。

政策的明确性和稳定性对康养服务的普及同样至关重要。清晰的政策方向和长期的政策支持可以为康养服务提供商提供发展的战略依据，增加他们投资的信心，将康养服务普及到更多的人群中。

2. 政策执行过程中可能面临的挑战

在政策执行过程中，康养服务可能面临一些挑战，影响其普及率。首先，政策的执行效果可能受到地区差异的影响。由于各地区经济水平、文化习惯不同，政策的实施效果可能存在差异，需要更加精准的政策设计。

其次，政策执行中可能面临的监管和管理问题也是一个挑战。康养服务的质量和规范需要得到有效监管，确保服务达到政策预期的效果。政府需要建立完善的监管机制，确保政策的顺利执行。

最后，政策的可持续性也是一个潜在的问题。如果政策仅仅是短期的刺激，而没有建立长效机制，则可能导致康养服务在政策结束后难以维持普及率的稳定增长。

总体而言，政策在促进康养服务普及中发挥着关键作用，但其实施需要面对各种挑战，需要政府、康养服务提供商及相关利益方的共同努力。

（二）政策对康养产业创新的推动

1. 政府政策对康养产业技术创新的激励

政府的政策在康养产业中扮演着促进技术创新的重要角色。首先，政府可以通过提供财政支持、研发补贴、税收减免等形式，激励企业加大在康养技术研发方面的投入。这样的激励措施有助于降低企业创新的财务压力，促使其更加积极地探索先进的康养技术。

其次，政府可以通过建立科技创新基地、实验室等平台，提供研发设施和资源，鼓励不同领域的专业团队进行合作，推动康养技术的跨学科研发。

最后，政府的购买力和采购政策也能够对康养技术创新起到引导作用。政府通过购买先进的康养技术产品和优质的服务，可以为企业提供市场需求，激发其创新动力。

2. 创新政策对康养企业的启示与支持

创新政策对康养企业有着积极的启示与支持。首先，政府的政策信号可以引导企业更注重技术创新，使其更好地理解和适应市场需求。政府对创新的支持也在一定程度上降低了企业创新的风险，鼓励它们走向更具前瞻性的研发道路。

其次，政府可以通过鼓励企业与科研机构、高校等进行合作，建立产学研用相结合的创新体系。这种合作模式有助于康养企业更好地利用外部创新资源，提高技术创新的效率。

最后，政府还可以通过制定知识产权保护政策，加大对创新的法律保障力度，促使企业更加积极地投入研发，并保护其在创新中所取得的成果。

综合而言，政府的创新政策对康养产业的健康发展起到了积极的推动作用，为技术创新提供了有力的支持。

参考文献

[1] 陈青松，高晓峰，张广智，等.康养小镇[M].北京：企业管理出版社，2018.

[2] 高环成.产业融合背景下的康养旅游研究[M].北京：中国纺织出版社，2023.

[3] 雷铭，薛欣，陈维.康养服务理论与实践[M].北京：旅游教育出版社，2020.

[4] 李树华.2020中国园林康养与园艺疗法研究实践论文集[M].北京：中国林业出版社，2022.

[5] 李晓琴.生态康养旅游理论方法与实践[M].成都：四川大学出版社，2022.

[6] 蒲波，杨启智，刘燕.康养旅游[M].成都：西南交通大学出版社，2019.

[7] 区展辉，李敏.绿色康养生境规划设计[M].哈尔滨：黑龙江科学技术出版社，2022.

[8] 沙莎.中医药康养旅游[M].北京：旅游教育出版社，2021.

[9] 卫志中.生态花园 康养小镇[M].成都：四川科学技术出版社，2017.

[10] 吴越强，赵晓鸿.康养旅游住宿服务[M].北京：旅游教育出版社，2021.

[11] 杨开华，石维富.康养旅游消费决策过程：一个基于扎根理论的探索性研究[M].成都：西南交通大学出版社，2021.

[12] 杨淇钧，任宣羽.康养环境与康养旅游研究[M].成都：四川大学出

版社，2019.

[13] 易艳阳. 社区康养协同：城市老年服务模式新探 [M]. 南京：江苏人民出版社，2021.

[14] 赵晓鸿. 康养休闲旅游服务基础 [M]. 北京：旅游教育出版社，2021.